全国高职高专"十二五"规划教材

SQL Server 2008 数据库基础

主 编 芮素娟

副主编 肖 雪 陈 蕾 李法平

中国水利水电出版社
www.waterpub.com.cn

内 容 提 要

本书系统介绍 SQL Server 2008 的基础知识和相关应用，采用"案例驱动"的教学模式，将"学生管理"数据库贯穿全书，通过情景描述、问题分析、解决方案的方式引出知识点，并把所学内容用具体实际操作的样例通过"销售价"数据库进行应用实践。全书共分为 9 个单元，主要内容包括数据库的基本概念、相关理论，数据库系统的设计方法，关系规范化；SQL Server 2008 的安装运行；创建、管理数据库的命令；创建与管理表的命令；操作数据表的语句；查询数据库的语句；索引和视图的创建、管理语句；用户自定义函数、存储过程与触发器的创建和管理；数据库技术在 Web 应用系统中的具体应用。

本书体系完整、结构安排合理、可操作性强、内容深入浅出、语言通俗易懂，每个知识点都有配套例题进行解释说明，可作为高职高专院校计算机及相关专业的教材或教学参考书，也可供从事数据库管理与开发工作的科技工作者参考。

图书在版编目（ＣＩＰ）数据

SQL Server 2008数据库基础 / 芮素娟主编. -- 北京：中国水利水电出版社，2015.1（2019.2重印）
全国高职高专"十二五"规划教材
ISBN 978-7-5170-2822-2

Ⅰ. ①S… Ⅱ. ①芮… Ⅲ. ①关系数据库系统－高等职业教育－教材 Ⅳ. ①TP311.138

中国版本图书馆CIP数据核字(2015)第000615号

策划编辑：寇文杰　　　责任编辑：张玉玲　　　封面设计：李 佳

书　名	全国高职高专"十二五"规划教材 SQL Server 2008 数据库基础
作　者	主编 芮素娟 副主编 肖 雪 陈 蕾 李法平
出版发行	中国水利水电出版社 （北京市海淀区玉渊潭南路 1 号 D 座　100038） 网址：www.waterpub.com.cn E-mail: mchannel@263.net（万水） 　　　　sales@waterpub.com.cn 电话：(010) 68367658（发行部）、82562819（万水）
经　售	北京科水图书销售中心（零售） 电话：(010) 88383994、63202643、68545874 全国各地新华书店和相关出版物销售网点
排　版	北京万水电子信息有限公司
印　刷	三河市鑫金马印装有限公司
规　格	184mm×260mm　16 开本　14.75 印张　373 千字
版　次	2015 年 1 月第 1 版　2019 年 2 月第 4 次印刷
印　数	6001—8000 册
定　价	29.00 元

前　　言

本书主要介绍 SQL Server 2008 的基础知识及相关应用，以满足目前高校软件类相关专业以及数据库开发人员的教学、学习需求。Microsoft SQL Server 2008 是一个高可靠、高安全、功能丰富且智能的数据库管理系统，它可以将结构化、半结构化和非结构化文档的数据直接存储到数据库中，可以对数据进行查询、编辑、报告、分析等操作，是目前主流的数据库管理系统。

本书吸取多年课程建设、教学改革的探索经验，采用"案例驱动教学"、"边讲边练"的教学模式，理论和实践紧密结合，侧重培养学生的实战操作能力。全书贯穿"学生管理"这一实际的数据库，通过情景描述、问题分析、解决方案的方式引出 SQL Server 2008 每个学习阶段的知识点，并把所学内容通过具体实际操作的样例"销售"数据库进行应用实践。帮助学生在完成整个学习任务的过程中逐步搭建起一个切实可行的数据库管理系统，充分调动学习兴趣，既完成了理论知识的学习，又与职业技能岗位接轨。

全书共分为 9 个单元，将学生信息管理系统的数据库设计分解成多个子任务，循序渐进地覆盖到各个知识点。单元一介绍数据库的基本概念、相关理论、数据库系统的设计方法，以及数据库关系规范化；单元二介绍 SQL Server 2008 的安装运行，如何通过 SQL 命令创建、管理数据库，以及数据库分离、附加的方法；单元三介绍如何在数据库内创建和管理表，如何对表进行修改、删除等操作；单元四介绍对数据库中的数据进行管理的方法，包括数据的存储、更新、删除；单元五介绍如何对数据库进行简单的查询操作；单元六在单元五的基础上进行了扩展，涉及到多表查询和子查询等更复杂的应用；单元七介绍索引和视图的创建、管理；单元八针对数据库编程介绍用户自定义函数、存储过程与触发器；单元九介绍数据库技术在 Web 应用系统中的具体应用。

本书由重庆电子工程职业学院软件学院的芮素娟任主编，肖雪、陈蕾和李法平任副主编。具体分工为：单元一、单元五至单元八由芮素娟编写；单元二由陈蕾和李法平编写；单元三、单元四和单元九由肖雪编写。

本书结构清晰、具有连贯性，同时案例丰富，注重实际操作，容易被初学者接受。限于编者水平，书中难免存在疏漏甚至错误之处，恳请广大读者批评指正。

编　者
2014 年 12 月

目　　录

前言

单元一　分析与设计数据库 ………………………………………………………………… 1

任务 1.1　分析数据库 …………………………………………………………………… 1

任务 1.2　设计数据库 …………………………………………………………………… 8

任务 1.3　规范化数据 …………………………………………………………………… 13

单元小结 …………………………………………………………………………………… 17

习题一 ……………………………………………………………………………………… 17

单元二　创建与管理数据库 ……………………………………………………………… 18

任务 2.1　创建数据库 …………………………………………………………………… 18

任务 2.2　分离、附加数据库 …………………………………………………………… 30

单元小结 …………………………………………………………………………………… 36

习题二 ……………………………………………………………………………………… 36

单元三　创建与管理数据库表 …………………………………………………………… 37

任务 3.1　创建表 ………………………………………………………………………… 37

任务 3.2　修改表 ………………………………………………………………………… 53

任务 3.3　删除表 ………………………………………………………………………… 63

单元小结 …………………………………………………………………………………… 65

习题三 ……………………………………………………………………………………… 65

单元四　管理数据库表中的数据 ………………………………………………………… 68

任务 4.1　存储数据 ……………………………………………………………………… 68

任务 4.2　更新数据 ……………………………………………………………………… 79

任务 4.3　删除数据 ……………………………………………………………………… 83

单元小结 …………………………………………………………………………………… 86

习题四 ……………………………………………………………………………………… 86

单元五　简单查询 ………………………………………………………………………… 90

任务 5.1　查询指定列 …………………………………………………………………… 90

任务 5.2　查询指定行 …………………………………………………………………… 95

任务 5.3　使用函数查询数据 …………………………………………………………… 107

任务 5.4　对查询结果进行排序 ………………………………………………………… 119

任务 5.5　分类汇总 ……………………………………………………………………… 123

单元小结 …………………………………………………………………………………… 128

习题五 ……………………………………………………………………………………… 128

单元六　高级查询 ………………………………………………………………………… 130

任务 6.1　多表连接查询 ………………………………………………………………… 130

任务 6.2　使用子查询 ·· 141

单元小结 ··· 149

习题六 ··· 149

单元七　索引和视图 ·· 151

任务 7.1　创建和管理索引 ·· 151

任务 7.2　创建和管理视图 ·· 157

单元小结 ··· 167

习题七 ··· 167

单元八　数据库编程 ·· 169

任务 8.1　用户自定义函数 ·· 169

任务 8.2　创建存储过程 ·· 184

任务 8.3　创建触发器 ··· 194

单元小结 ··· 205

习题八 ··· 206

单元九　Web 程序访问数据库 ·· 207

任务 9.1　通过 Web 程序连接数据库 ·· 207

任务 9.2　通过 Web 程序查询数据库 ·· 219

任务 9.3　通过 Web 程序更新数据库 ·· 224

单元小结 ··· 229

习题九 ··· 230

单元一　分析与设计数据库

- 创建实体关系模型
- 分析实体的关系类型
- 设计数据库
- 规范化数据

任务 1.1　分析数据库

1.1.1　情景描述

　　某高校要开发一套学生信息管理系统，以实现教学管理的信息化、规范化、科学化。该系统实现的主要功能包括：使用计算机对教学活动中的各种信息进行记录和管理，记录专业、系部、班级、学生、教师、课程、学期、辅导员评价等基本信息，比如学生信息需要记录学生的学号、姓名、性别、生日等，课程信息记录课程的课程号、课程名、学分、学时等；同时能够对这些信息进行增加、删除、修改、查询等操作；能够按照日期、上课节次记录学生的迟到、早退、事假、病假情况，最终生成每周考勤记录表；能够对学生的选课信息进行管理，记录学生所选择的课程、课程由哪些老师教授、学生所选课程的成绩等；能够让辅导员在每个学期期末对学生进行评价……那么应该如何实现这个系统，使它在对学生、教师等使用者提供业务功能的同时，还要对数量庞大、关系复杂的各类数据进行管理？

1.1.2　问题分析

　　早期的软件开发主要用于科学计算，在程序运行时输入数据，运算处理结束后得到结果数据输出。随着计算任务的完成，数据和程序会一起从内存中释放，没有特别的保存数据，也就不需要使用数据库来管理程序中用到的数据。如今的计算机存储的数据量非常庞大，数据在多个程序之间可以共享，并且还会频繁地对存储的数据进行操作，这就需要使用数据库对这些数据进行统一管理。因此面对这个系统，作为数据库分析人员，首先应对学生信息管理系统需要处理的数据进行收集，分析每个数据的特征、数据之间存在的关系以及定义的规则，收集以往纸质的、手工的学生信息管理档案，根据收集到的数据，确定实体、实体的属性及实体之间的关系，画出实体关系图，通过该图能很好地进行开发人员和用户之间的沟通交流，并指导后续的数据库方面的工作。

1.1.3　解决方案

1. 识别实体

在学生信息管理系统中，经过与客户交流分析，得出主要有以下几类实体：存储专业信息的专业实体、存储班级信息的班级实体、存储学生信息的学生实体、存储辅导员评语的辅导员评语实体、存储课程信息的课程实体、存储教师信息的教师实体、存储系部信息的系部实体。

2. 识别实体的属性

（1）专业实体的属性有专业代码、专业名称、专业的状态信息等，如图 1-1 所示。

（2）班级实体的属性有班级代码、班级名称、所属专业、所属年级、班主任等，如图 1-2 所示。

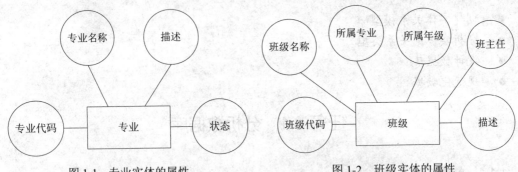

图 1-1　专业实体的属性　　　　　　　　图 1-2　班级实体的属性

（3）学生实体的属性有学号、姓名、性别、出生年月等，如图 1-3 所示。

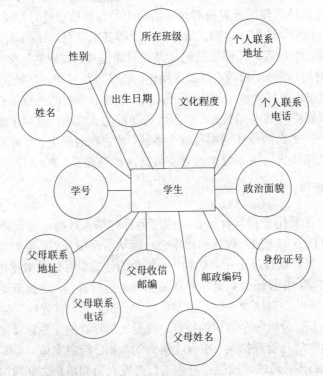

图 1-3　学生实体的属性

（4）辅导员评语实体的属性有评价代码、学号、学期代码、评价寄语等，如图 1-4 所示。

（5）课程实体的属性有课程编号、课程名称、课程性质、学分、开课学期、课程分类，如图 1-5 所示。

（6）教师实体的属性有教师编号、教师姓名、性别、职称、专业、学历，如图 1-6 所示。

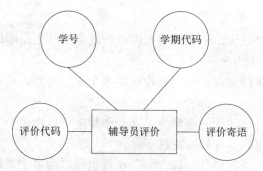

图 1-4　辅导员评价实体的属性

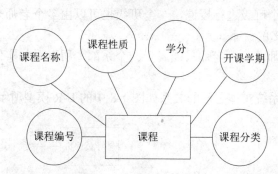

图 1-5　课程实体的属性

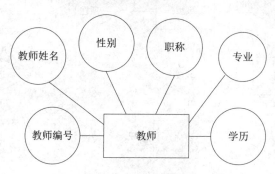

图 1-6　教师实体的属性

（7）系部实体的属性有系部代码、系部名称、办公电话、系主任等，如图 1-7 所示。

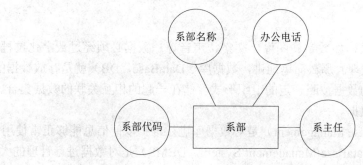

图 1-7　系部实体的属性

3．识别实体之间的联系

一个班级只能属于一个专业，而一个专业可以包含很多个班级，所以班级实体和专业实体之间是多对一的关系。

一个学生只能在一个班级，一个班级可以包含很多个学生，所以学生实体和班级实体之间是多对一的关系。

一个学生可以选修多门课程，一门课程可供多个学生选修，所以学生实体和课程实体之间是多对多的关系。

一个辅导员评价只能适应于一个学生，而一个学生可以由多个辅导员评价，所以学生实体和辅导员评价实体之间是一对多的关系。

一个教师可以对多门课程进行授课，一门课程也可以由多个老师来任教，所以课程实体和教师实体之间是多对多的关系。

一个教师可以对多个班级进行授课，一个班级也可以由多个老师来任教，所以教师实体和班级实体之间是多对多的关系。

一个系部有多个老师，一个老师只能属于一个系部，所以系部实体和老师实体之间是一对多的关系。

根据以上描述，该系统实体之间的关系如图 1-8 中的 E-R 模型所示。

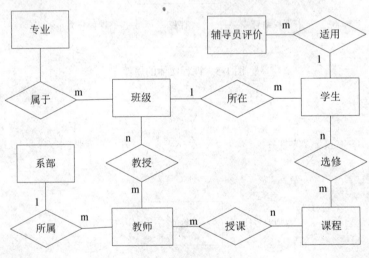

图 1-8   系统 E-R 模型

1.1.4   知识总结

1. 数据库基本知识

数据有各种表现形式，如数字、图像、文字、声音等。数据必须经过数字化过程，才能被计算机识别、存储、处理。那么简单地讲，数据库（DataBase，DB）就是存放数据的仓库，是将软件开发中涉及到的数据按照一定的组织形式存储在一起的相互关联的数据集合。数据库中存储的基本对象就是数据。

数据库管理（DataBase Management）是对数据库进行维护以便信息能够正常使用。

数据库管理系统（DataBase Management System，DBMS）是对数据进行管理的大型系统软件，是提供存储数据和检索数据的软件，是数据库系统的核心部分。

关系型数据库管理系统（Relational Database Management System）在数据库管理系统（DBMS）的基础上增加关系，通过对数据、数据的关系及数据的约束来存储和管理数据。

2. 概念模型

对于某一应用环境所涉及的数据以及数据的联系进行抽象，形象地用一种模型的方式表达我们要保存的数据以及数据之间的关系，以供数据库设计人员和用户之间进行沟通交流，这样的模型称为概念模型。该模型按照用户的观点来对现实世界建模，完全不涉及信息在计算机中的表示，只是用来描述某个特定对象所关心的信息结构。目前，有很多流行的概念模型表达方式，最常用的方法是 Peter Chen 于 1976 年提出的实体－联系方法（简称 E-R 方法）来描述数据库中需要存储的数据及它们之间的关系，它按用户的观点、通过图示法来描述信息结构。应用 E-R 方法建立的概念模型称为 E-R 模型，E-R 图则是直接表示概念模型的工具。

（1）实体。

实体是数据模型中的一个概念，我们把客观存在并且相互区别的事物称为实体。实体可以是具体的一个学生、一件商品、一张桌子等，也可以是抽象的事件，如学生选修课程、教师教授课程等。在软件开发中需要保存的所有对象都可以称为实体，在 E-R 模型中用矩形框表示，矩形框内写上实体名。如超市销售业务系统中的商品信息、供应商信息、顾客信息等都可以称为实体，如图 1-9 所示。

图 1-9 实体

（2）属性。

能够描述实体的特征的就是实体的属性，一个实体可以由多个属性共同描述。在 E-R 模型中用椭圆框表示，在框内写上属性名，并且用直线与对应的实体相连。如确定一个商品实体，需要知道商品的编号、名称、单价、库存数量、生产日期、保质期等，这些都可以称为商品实体的特征或者属性。供应商实体的特征有供应商编号、供应商名称、联系方式、地点、信誉等。顾客实体的特征有顾客编号、顾客姓名、性别、年龄、职业、联系方式、地址、办卡时间、积分等，如图 1-10 所示。

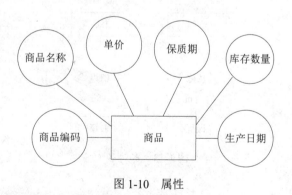

图 1-10 属性

（3）关系。

每个实体不是孤立存在的，它们之间有这样或者那样的关系，在 E-R 模型中用菱形表示，菱形框内标注关系的名字，并用直线与有关实体相连。如学生和课程之间有关系，记录一个学生选的是哪几门课程、这个课程被哪些学生选，这个关系可以命名为"选课"关系。

根据实体之间的对应关系，可以把关系分为以下三种类型：

- 一对一（1:1）：两个实体集合中的数据之间是一一对应的关系。对于实体集 A 中的每个实体，实体集 B 中最多有一个与之相对应；反之，对于实体集 B 中的每个实体，实体集 A 中最多也只有一个与之相对应。如系部实体和系主任实体，一个系部只能有一个系主任，一个系主任只能领导一个系；身份证实体和公民实体之间的关系也是一一对应的，如图 1-11 所示。
- 一对多（1:m）：两个实体集合中的数据之间是一对多的关系。对于实体集 A 中的每个实体，实体集 B 中有多个与之相对应；反之，对于实体集 B 中的每个实体，实体集 A 中最多有一个与之相对应。如班级实体和学生实体，一个班级可以有多名学生，但一个学生只能分在一个班级，那么班级实体和学生实体之间是一对多的关系；系部实体和教师实体之间的关系也是一对多的关系，如图 1-12 所示。

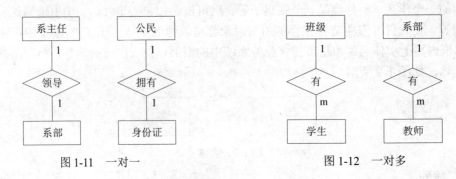

图 1-11　一对一　　　　　　　　　　　图 1-12　一对多

- 多对多（m:n）：两个实体集合中的数据之间是多对多的关系。对于实体集 A 中的每个实体，实体集 B 中有多个与之相对应；反之，对于实体集 B 中的每个实体，实体集 A 中也有多个与之相对应。如学生实体和课程实体，一个学生可以选修多门课程，一门课程也可以由多个学生选修，那么学生实体和课程实体之间的关系是多对多的关系；一个书店可以销售多种书籍，一种书籍也可以被多个书店销售，书店实体和书籍实体之间是多对多的关系，如图 1-13 所示。

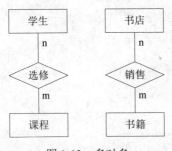

图 1-13　多对多

1.1.5　应用实践

某超市要设计一款销售业务系统，以明确每款商品的销售情况，来改善超市的盈利。

本系统的主要功能有用户注册和登录、商品管理、供应商管理、积分卡信息管理 4 个模块。用户注册和登录主要用于使用该系统的用户信息的注册及完成合法用户的验证、登录；商品管理模块主要用于商品信息的添加、修改、删除、按照商品类型进行查询或者按照商品所属的供应商进行查询；供应商管理模块主要实现供应商信息的添加、修改、删除、查询；积分卡信息管理模块主要记录顾客的积分情况，并规定一个顾客只能办一张积分卡。要求设计该超市销售业务系统的概念模型，并绘出 E-R 图。

1. 识别实体

根据上述分析，用户注册、登录功能需要有一个实体来保存用户的账号信息，那么需要有一个"账号"实体。

供应商管理模块需要有一个实体来保存供应商的信息，需要一个"供应商"实体。

商品管理模块需要按照商品类型和所属供应商进行查询，那么除了已经存在的"供应商"实体外，还需要一个关于商品本身信息的"商品"实体以及一个"商品类型"实体。

积分卡信息管理模块主要记录顾客的积分情况，一个顾客只能办一张积分卡，所以可用一个"顾客"实体既保存客户信息，又保存客户的积分情况。

2. 识别实体属性

通过对需求的分析，并与用户交流，识别实体的属性如下：

（1）"账号"实体需要的属性：用户 ID、密码、邮件、用户名、地址、邮编、电话、状态。

（2）"供应商"实体需要的属性：供应商 ID、名称、地址、邮编、电话、信用状态。

（3）"商品类型"实体需要的属性：类别 ID、类别名称、描述。

（4）"商品"实体需要的属性：商品 ID、名称、价格、产品描述、生产日期、保质期。

（5）"顾客"实体需要的属性：顾客 ID、姓名、性别、年龄、职业、联系方式、地址、办卡时间、积分。顾客 ID 即是顾客办卡的积分卡编号。

3. 识别实体间的关系

（1）"供应商"和"商品"之间是多对多的关系，一个供应商可以供应多种商品，一种商品也可以被多个供应商供应。

（2）"商品"和"商品类型"之间是多对一的关系，某个商品类型下有多个商品。

（3）"顾客"和"商品"之间是多对多的关系，一种商品可以销售给多个顾客，一个顾客也可以购买多种商品。

超市销售业务系统的 E-R 图如图 1-14 所示。

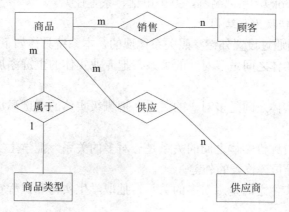

图 1-14　超市销售业务系统 E-R 图

任务 1.2　设计数据库

1.2.1　情景描述

根据分析，我们现在有了学生信息管理系统的概念模型（即 E-R 图），提取了在软件开发中需要保存的数据及数据的关系。这些信息需要在计算机中存储，才能支撑学生信息管理系统的运行。那么应该如何将这些数据和关系保存在计算机中呢？

1.2.2　问题分析

数据在计算机中的存储结构有很多种，如树型结构、图型结构、关系结构等，我们采用关系结构来存储数据，把前面得到的 E-R 图转换为表结构。

1.2.3　解决方案

1. 将实体转换为表

每个实体对应一个表，如学生实体映射成为学生表，课程实体映射成为课程表。根据 E-R 图里的实体，需要转换的实体有：专业、学期、班级、学生、辅导员评语、课程、教师。

2. 将实体的属性转换为对应表的字段

实体的每个属性都对应于表中的一列，也叫一个字段，比如学生实体中的属性学号、姓名、性别分别映射成为学生表的一列。那么本系统实体及属性对应的关系模式如下：

专业（专业代码（pk），专业名称，描述，状态）

班级（班级代码（pk），班级名称，所属专业，所属年级，班主任，描述）

学生（学号（pk），姓名，性别，出生日期，个人联系电话，政治面貌，身份证号，邮政编码，家庭联系电话，家庭联系地址）

辅导员评语（评价代码（pk），学号，学期，评价寄语）

课程（课程编号（pk），课程名称，课程性质，学分，开课学期，课程分类）

教师（教师编号（pk），教师姓名，性别，职称，学历，专业）

系部（系部代码（pk），系部名称，办公电话、系主任）

3. 将实体的联系转换为表结构

E-R 图中的关系是通过设置外键参照关系体现的，本系统具体如下：

班级实体和专业实体之间是多对一的关系，把专业实体的主键添加到班级实体的表中，作为班级实体的外键。

学生实体和班级实体之间是多对一的关系，把班级实体的主键添加到学生实体的表中，作为学生实体的外键。

学生实体和辅导员评价实体之间的关系是一对多的关系，把学生实体的主键添加到辅导员评价表中，作为辅导员评价表的外键。

学生实体和课程实体之间是多对多的关系，抽取学生实体和课程实体的主键，形成一个新的关系——选课表。

教师实体和班级实体之间是多对多的关系，教师实体和课程实体之间也是多对多的关系，分别抽取三个实体的主键形成一个新的关系——授课表。更新后的关系模式如下：

专业（专业代码（pk），专业名称，描述，状态）

班级（班级代码（pk），班级名称，专业代码（fk），所属年级，班主任，描述）

学生（学号（pk），姓名，性别，出生日期，班级代码（fk），个人联系电话，政治面貌，身份证号，邮政编码，家庭联系电话，家庭联系地址）

辅导员评语（评价代码（pk），学号（fk），学期，评价寄语）

课程（课程编号（pk），课程名称，课程性质，学分，开课学期，课程分类）

教师（教师编号（pk），教师姓名，性别，职称，学历，学位，专业，系部代码（fk））

选课（学号（fk），课程编号（fk），成绩），主键为学号和课程编号的组合。

授课（教师编号（fk），班级代码（fk），课程编号（fk）），主键为教师编号、班级代码和课程编号的组合。

系部（系部代码（pk），系部名称，办公电话、系主任）

1.2.4　知识总结

1.　数据模型

数据结构指的是数据的组成以及数据之间的联系。按照数据结构类型的不同，将数据模型划分为层次模型、网状模型和关系模型。

层次模型按照树型结构组织数据，由结点和连线组成，结点表示实体，连线表示实体之间的关系，如图 1-15 所示。这种类型的存储结构层次分明、结构清晰，有且仅有一个根结点，其他结点有且仅有一个父结点。这种模型表示一对多的关系很简便，但是表达多对多的关系比较困难。

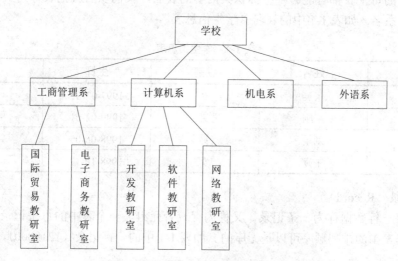

图 1-15　单位组织结构图

网状模型用网状结构表示实体以及实体之间的关系，网中结点之间的联系可以是任意的，允许多个结点没有父结点，也允许结点有多个父结点，如图 1-16 所示。这种存储结构能够很好地描述现实世界，表达结点之间的联系很方便，但是结构太复杂，不容易实现。

关系模型由 IBM 公司的 E.F.Codd 于 1970 年首次提出，在关系模型里，实体和联系均用二维表来表达，信息存放在二维表结构的表（Table）中。20 世纪 80 年代以来，计算机厂商推出的数据库管理系统几乎都支持关系型数据库。关系型数据库是基于关系模型的一种数据库，是一些相关的表和其他数据库对象的集合。

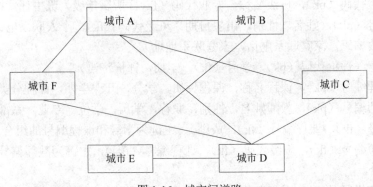

图 1-16   城市间道路

关系模型是建立在严格的数学概念的基础上的，无论是实体还是实体的关系，都用以行和列为格式的二维表格来表示，其中和行对应的是记录，和列对应的是字段。每个数据值在表中按行列排列，结构简单、灵活清晰。

关系模型可表示为：关系模型名（属性名 1，属性名 2，...，属性名 n）的形式。例如学生（学号，姓名，性别，出生日期，所在班级，文化程度，个人联系地址，个人联系电话，政治面貌，身份证号，邮政编码，父母姓名，父母收信邮编，父母联系电话，父母联系地址）。

2. 关系模型的相关概念

（1）关系（Relation）。

数据库中的每个表都有能够唯一标识其内容的表名，我们以后就把表称为关系。二维表的表名就是关系名。如表 1-1 中的表名"学生信息表"。

表 1-1   学生信息表

学号	姓名	性别	生日	民族
12180001	张英	女	1997-03-02	汉
12180002	赵刚	男	1999-02-01	汉
12180003	刘星	男	1998-06-05	回
12180004	王娜	女	1998-10-12	汉

（2）记录（Record）。

表中的每一行数据称为一条记录，又称为行或者元组。一个表中的每条记录都不能完全相同，记录在表中的排列顺序可以是无序的。如表 1-1 中的一行记录（12180001，张英，女，1997-03-02，汉）。

（3）属性（Attribute）。

二维表中的每一列称为关系的一个属性，又称为列，同一个表中的属性名不能重复，即每个列都必须有唯一的名称。如表 1-1 中的"学号"字段、"姓名"字段。

（4）域（Domain）。

表中每一列的取值范围称为此列的域，如表 1-1 中性别属性的域为（"男"，"女"）。

（5）主键（Primary Key）。

表中的每条记录都不能重复，能够唯一地标识每条记录的列或列的组合称为表的主键。

主键不能为"空"（NULL，不是 0，也不是空格或空字符串，表示值不确定），也不能重复。在学生表中，每个学生的学号都不能重复，我们通过学号来区分每个学生，学生表的学号字段就称为学生表的主键。

（6）外键（Foreign Key）。

在选课表里，我们要存储学生选择的课程是什么，选课表的学号的取值范围要参照学生表的学号的取值范围，学生表的学号字段是学生表的主键，选课表的学号字段就称为选课表的外键，外键可以标识一个表（选课表）和另外一个表（学生表）的关系。简单地说，一个表（选课表）的外键学号就是另外一个表（学生表）的主键学号字段。外键的取值范围不能超出它所引用的主键的取值范围。

3. E-R 图到表的映射

（1）实体。

能单独存在的每个实体都映射成为一张表。如学生实体用一张表来存储，课程实体用另外一张表来存储。

（2）属性。

E-R 图中每个实体的属性都映射成对应实体转换的表的列。如学生实体的学号、姓名、性别、出生年月分别映射成为学生表中的列。

（3）关系。

关系映射成为表的方式依赖于关系的类型，不同的关系映射成表的方式不同。

1）一对一关系。

在一对一的关系中，实体集合中的每一个元素只能是一一对应的关系，可以把两个实体对应的表合并成为一个表，也可以将任何一个实体的主键作为另外一个实体的外键存在，来保存他们的一一对应关系。

图 1-11 的公民与身份证的一对一的关系可以转换为如下的关系模式：

公民表（公民编号（pk），姓名，性别，生日，身份证号（fk））

身份证表（身份证号（pk），有效开始时间，有效截止时间，详细地址）

系主任与系部的一对一的关系转换为：

系主任（工号（pk），姓名，联系方式）

系部（编号（pk），名称，电话，工号（fk））

2）一对多关系。

在一对多的关系中，实体集合中的一个元素可以与另外一个实体中的多个元素有关系，可以把"一"端实体的主键作为"多"端实体的外键存在，来保存它们的一对多的关系。

在图 1-12 中，班级与学生之间的一对多的关系可以将班级表的主键放在学生表中作为外键：

班级（班级编号（pk），名称，年级）

学生（学号（pk），姓名，性别，生日，班级编号（fk））

系部与教师之间的一对多的关系可以将系部的主键放在教师表中作为外键：

系部（编号（pk），名称，电话）

教师（工号（pk），姓名，职称，电话，系部编号（fk））

3）多对多关系。

在多对多的关系中，两个实体的元素是多对多的关系，可以把两个实体的主键和多对多关系自身的特征组合成为一张新表，新表的主键就是两个表的主键的组合。

图 1-13 中，学生与课程之间的多对多的关系可以转换为一个新的关系模式——选课关系，如下：

学生（学号（pk），姓名，性别，生日）

课程（课程编号（pk），课程名称，课程性质，学分，开课学期，课程分类）

选课（学号（fk），课程编号（fk），成绩）

书店和书籍之间的多对多的关系转换为销售关系，如下：

书店（编号（pk），名称，地址，联系方式）

书籍（ISBN（pk），书名，作者，定价，出版社，出版日期）

销售（编号（fk），ISBN（fk），销售数量）

1.2.5　应用实践

根据 E-R 图向关系模式的转换原则，将图 1-14 所示的销售业务系统的 E-R 图转换成关系模型。

（1）图 1-14 中有 4 个实体，加上"账号"实体，转换成 5 个关系，分别为：账号、供应商、商品类型、商品、顾客。

（2）实体的属性转换成为关系的字段，有以下关系模式：

- 账号（用户 ID，密码，邮件，用户名，地址，邮编，电话，状态）。
- 供应商（供应商 ID，名称，地址，邮编，电话，信用状态）。
- 商品类型（类别 ID，类别名称，描述）。
- 商品（商品 ID，名称，价格，产品描述，生产日期，保质期）。
- 顾客（顾客 ID，姓名，性别，年龄，职业，联系方式，地址，办卡时间，积分）。

（3）将实体的关系转换为关系模式。

1）"供应商"实体和"商品"实体是多对多的关系，需要生成一个新的关系，命名为"进货"，包含的字段有"供应商 ID"、"商品 ID"、"进货时间"、"进货单价"、"进货数量"。

2）"商品类型"和"商品"实体是一对多的关系，将 1 端"商品类型"实体的主键添加到"商品"关系中。

3）"顾客"实体和"商品"实体是多对多的关系，形成一个新的关系，命名为"销售"，包含的字段有"顾客 ID"、"商品 ID"、"数量"、"总价"、"销售时间"。

总的关系模式如下：

- 账号（用户 ID（pk），密码，邮件，用户名，地址，邮编，电话，状态）。
- 供应商（供应商 ID（pk），名称，地址，邮编，电话，信用状态）。
- 商品类型（类别 ID（pk），类别名称，描述）。
- 商品（商品 ID（pk），名称，价格，产品描述，生产日期，保质期，类别 ID（fk））。
- 顾客（顾客 ID（pk），姓名，性别，年龄，职业，联系方式，地址，办卡时间，积分）。
- 进货（供应商 ID（fk），商品 ID（fk），进货时间，进货单价，进货数量），主键为供应商 ID 和商品 ID 的组合。
- 销售（顾客 ID（fk），商品 ID（fk），数量，总价，销售时间），主键为顾客 ID 和商品 ID 的组合。

任务 1.3　规范化数据

1.3.1　情景描述

通过对数据库的分析和设计，得到数据库中有关的关系模式，有的时候会发现有的表存储的冗余度很高，有很多重复的数据，导致我们操作数据的时候出现很多异常。

如果存在关系为：选课（学号，姓名，性别，生日，父母，课程号，课程名，类型，成绩），主键字段是学号和课程号的组合。其中父母字段有父亲和母亲姓名两个值，不符合表的要求；另外如果操作人员发现当一门课程还没有学生选的时候，主键不完整，那么此课程的信息也不能保存；如果学生退学，删除学生的同时，对应的课程信息也全部被删除；发现课程的信息有误，需要修改多次课程的信息。

因此，对存在重复数据的表我们应该如何处理、如何规范？

1.3.2　问题分析

如果一个表中存在很多重复的数据，那么我们发现一个字段有问题的时候修改起来就要每个地方都修改一次。万一失误，可能会造成数据的不一致情况，并且冗余的数据会浪费存储空间。我们需要使用一些规则，将这些带冗余的复杂的表结构拆分成简单表结构来减少冗余。

1.3.3　解决方案

1.　确认关系是否为第一范式（1NF）

对于关系数据库，第一范式是必须遵守的最基本的范式。不满足第一范式的关系不属于表的概念。在 1NF 里，表要求每个单元格的取值是单一的。因此可将以上关系改为：

选课（学号，姓名，性别，生日，父亲，母亲，课程号，课程名，类型，成绩）

2.　确认关系是否为第二范式（2NF）

如果一个关系模式属于第一范式，而且它的任何一个非主属性完全依赖于任一个主关键字，则该关系属于第二范式。比如关系"选课"的主键是"学号"和"课程号"的组合，其中字段"姓名"、"性别"、"生日"、"父亲"、"母亲"只依赖于主键的一部分"学号"字段，与主键的另一部分"课程号"无关；字段"课程名"、"类型"依赖于主键的一部分"课程号"字段，与"学号"无关，那么这样的关系不满足 2NF。

对于以上关系可分别将依赖于部分主键的这些字段消除，重新组成关系学生（学号，姓名，性别，生日，父亲，母亲）和关系课程（课程号，课程名，类型），剩下的关系选课（学号，课程号，成绩），那么这些关系都满足 2NF。

3.　确认关系是否为第三范式（3NF）

如果一个关系模式属于第二范式，并且它的所有非主属性都不传递依赖于主关键字，则该关系满足第三范式。以上学生、课程、选课关系不存在传递依赖的情况，所以满足 3NF。

1.3.4　知识总结

1.　数据库的设计原则

为了获得一个好的数据库，我们要遵循的规则如下：

- 每个表都应该有一个唯一的表名。
- 表中不允许含有多值属性，即每个单元格存储的数据都是一个不可分的数据项。
- 表中任意两行不能有完全相同的数据值，要为表设置主键。
- 表中行与行的顺序任意。
- 表中每列的列名不能重复，但列与列的顺序是任意的。
- 确定每个列的取值范围有效。
- 表中任一列中的值类型必须一致。
- 不能引用一个不存在的数据。

2. 第一范式（1NF）

一个表结构首先要满足 1NF，要求每个单元格的取值是唯一的，并且是不可再分的数据类型。

表 1-2 不满足 1NF，属性"员工编号"及"员工姓名"的值是一个多值的集合。对这种类型的表格进行操作的时候非常困难，表 1-3 是转换为符合 1NF 的关系。

表 1-2　项目成员报酬表

项目编号	项目名称	员工编号	员工姓名	工作类别	耗时	报酬/小时
PJ01	图书管理信息系统	E0001	岳涵	数据库设计员	20	80
		E0002	露西	程序员	15	50
		E0003	威廉	系统分析员	25	90
PJ02	音乐网站	E0006	史密思	程序员	20	50
		E0009	乔治	测试工程师	15	100
PJ03	网上书店	E0004	琳达	程序员	20	50
		E0008	玛丽	系统分析员	10	90
		E0007	劳瑞	数据库设计员	16	80

表 1-3　符合 1NF 的项目成员报酬表

项目编号	项目名称	员工编号	员工姓名	工作类别	耗时	报酬/小时
PJ01	图书管理信息系统	E0001	岳涵	数据库设计员	20	80
PJ01	图书管理信息系统	E0002	露西	程序员	15	50
PJ01	图书管理信息系统	E0003	威廉	系统分析员	25	90
PJ02	音乐网站	E0006	史密思	程序员	20	50
PJ02	音乐网站	E0009	乔治	测试工程师	15	100
PJ03	网上书店	E0004	琳达	程序员	20	50
PJ03	网上书店	E0008	玛丽	系统分析员	10	90
PJ03	网上书店	E0007	劳瑞	数据库设计员	16	80

3. 第二范式（2NF）

2NF 在满足 1NF 的基础上，要求行中每个非主属性的取值范围取决于整个主键，而不是取决于主键的一部分。

表 1-3 满足 1NF，但是不满足 2NF，在这个关系中，存在部分依赖于主键的属性。该关系的主键是（项目编号，员工编号），但字段"项目名称"仅由"项目编号"决定，与"员工编号"无关。换言之，属性"项目名称"只是部分依赖于主关键字（项目编号，员工编号），而不是完全依赖。

不满足第二范式（2NF）的表格存在大量冗余，一个项目有多少个员工参与，就会重复多少次，并且在新增、修改、删除记录的时候都会存在如下异常情况：

（1）新增记录：如果一个员工没有分配项目的时候，项目编号为空，主键不完整，那么此员工信息是不能保存的。

（2）修改记录：如果一个项目名称信息输入错误，需要更新，那么这个项目名称出现了多处，就需要修改多个地方，很可能会造成数据不一致的情况。

（3）删除记录：如果一个员工离职，需要删除这个员工的信息，刚好这个员工独立完成了一个项目，那么在删除这个员工的同时，与此相对应的项目的信息页被删除了。

综上所述，不满足第二范式的关系会存在插入异常、更新异常、删除异常情况，而一个良好的数据库模式不能存在这样的问题，我们需要重新分配数据项到不同的关系中，来消除这些问题。

首先识别表中的主键、依赖于主键的属性、依赖于主键的一部分的属性；其次对关系进行分解，消除依赖于部分主键的非主属性，把部分依赖的属性单独组建关系。可以把表 1-3 分解为：满足 2NF 的关系在一定程度上解决了冗余、插入异常、更新异常、删除异常。新来的员工还没有分配项目，则可以保存在表 1-4（b）中；项目名称如果写错了，也只需要在表 1-4（c）中修改一次即可；如果一个员工离职了，也只需要在表 1-4（b）中删除，不影响项目的信息。

4. 第三范式（3NF）

3NF 在满足 2NF 的基础上，要求行中每个非主键属性都取决于主键，而不是其他键，即它的任何一个非主属性都不传递依赖于任何关键字。

表 1-4（a）和表 1-4（c）的每个非关键属性都仅仅依赖于主键，不存在传递依赖的情况，满足 3NF。但是表 1-4（b）的"报酬/小时"字段是传递依赖于主键"员工编号"的，这样也存在冗余问题、插入异常、更新异常和删除异常。

表 1-4（a）

项目编号	员工编号	耗时
PJ01	E0001	20
PJ01	E0002	15
PJ01	E0003	25
PJ02	E0006	20
PJ02	E0009	15
PJ03	E0004	20
PJ03	E0008	10
PJ03	E0007	16

表 1-4（b）

员工编号	员工姓名	工作类别	报酬/小时
E0001	岳涵	数据库设计员	80
E0002	露西	程序员	50
E0003	威廉	系统分析员	90
E0006	史密思	程序员	50
E0009	乔治	测试工程师	100
E0004	琳达	程序员	50
E0008	玛丽	系统分析员	90
E0007	劳瑞	数据库设计员	80

表 1-4（c）

项目编号	项目名称
PJ01	图书管理信息系统
PJ02	音乐网站
PJ03	网上书店

（1）新增记录：如果企业还没有招聘到数据库设计员的员工，那么就没有办法保存这种工作类别的报酬信息。

（2）修改记录：如果一种工作类别的报酬需要提高，那么需要修改多个地方，必须更新所有属于这个工作类别的员工的报酬信息。

（3）删除记录：如果一个员工离职，需要删除这个员工的信息，刚好和这个员工的工作类别相同的没有了，那么在删除这个员工的同时，与此相对应的工作类别的报酬信息也被删除了。

解决上述问题的方法是：首先识别传递依赖主键的属性；其次对关系进行分解，消除传递依赖主键的属性，把传递依赖主键的属性组合成新的关系。可以把表 1-4（b）分解为表 1-5（a）和表 1-5（b）。

表 1-5（a）

员工编号	员工姓名	工作类别
E0001	岳涵	数据库设计员
E0002	露西	程序员
E0003	威廉	系统分析员
E0006	史密思	程序员
E0009	乔治	测试工程师
E0004	琳达	程序员
E0008	玛丽	系统分析员
E0007	劳瑞	数据库设计员

表 1-5（b）

工作类别	报酬/小时
数据库设计员	80
程序员	50
系统分析员	90
测试工程师	100

1.3.5 应用实践

如果存在关系模式销售（供应商 ID，供应商名称，地址，邮编，产品 ID，产品名称，产品价格，产品类别，保质期，数量），要求销售关系满足 3NF。

（1）确定关系销售满足 1NF。

关系中每个单元格的取值都是单一的，所以满足 1NF。

（2）确定关系销售满足 2NF。

关系的主键是供应商 ID 和产品 ID 的组合，存在依赖于主键的一部分的非主属性，那么不满足 2NF，找出依赖于部分主键供应商 ID 的非主属性：供应商名称、地址、邮编，组合新关系供应商（供应商 ID，供应商名称，地址，邮编）；找出依赖于部分主键产品 ID 的非主属性：产品名称、产品类别、保质期，组合新关系产品（产品 ID，产品名称，产品类别，保质期），剩下的字段形成关系销售（供应商 ID，产品 ID，产品价格，数量）。

（3）确定关系销售满足 3NF。

供应商（供应商 ID，供应商名称，地址，邮编）、产品（产品 ID，产品名称，产品类别，保质期）、销售（供应商 ID，产品 ID，产品价格，数量）都不存在传递依赖的情况，所以满足 3NF。

单元小结

1．E-R 图表示方法中，实体用矩形表示，关系用菱形表示，属性用椭圆表示。

2．关系的类型分为一对一、一对多和多对多。

3．E-R 图到表的转换。

4．关系数据库中，表称为关系，表中的一行称为元组或记录，表中的一列称为字段或者属性，表中列的取值范围称为域。

5．一个表的主键唯一地识别表中的每一行。

6．一个表的外键用来表示与另外一个表的关系。

7．对表实施规范化操作，确保表满足 1NF、2NF 和 3NF。

习题一

1．什么是数据库？什么是数据库管理系统？

2．什么是 E-R 模型？构成 E-R 图的基本要素是什么？

3．根据实体之间的对应关系，可以把关系分为哪几种类型？

4．什么是关系模型？其表示形式是什么？

5．什么是主键？什么是外键？

6．如何把 E-R 图映射为数据库中的表？

7．数据库的设计原则是什么？

8．1NF、2NF、3NF 是什么？

单元二　创建与管理数据库

学习目标

- 创建数据库
- 安装数据库
- 删除数据库
- 分离和附加数据库

任务 2.1　创建数据库

2.1.1　情景描述

学生信息管理系统的开发团队设计出了该系统的关系模式，现在要用数据库管理系统来统一管理软件开发、运行所需要的全部数据，首先需要创建存储数据的仓库，为此开发团队需要完成任务：选择一款数据库管理软件，使用数据库管理软件来创建数据库"学生管理"。

2.1.2　问题分析

数据库是长期存储在计算机内的有组织的、可共享的数据集合，目前流行的数据库管理软件有很多，我们采用 Microsoft SQL Server 2008 来管理数据库。

2.1.3　解决方案

（1）单击"开始"→"所有程序"→Microsoft SQL Server 2008 R2→SQL Server Management Studio 命令，选择服务器类型"数据库引擎"、"服务器名称"、"身份验证"、"用户名"和"密码"，单击"连接"按钮。

（2）单击工具栏中的"新建查询"按钮，打开"查询编辑器"窗口，如图 2-1 所示。

（3）在"查询编辑器"窗口中输入以下代码：

```
CREATE DATABASE 学生管理
```

（4）单击工具栏中的"执行"按钮，完成对数据库"学生管理"的创建。新建的数据库将显示在"对象资源管理器"创建的数据库文件中，如图 2-2 所示。

2.1.4　知识总结

1. 数据库

数据库按照数据结构来组织、存储和管理软件系统需要保存的数据。数据库结构包括数据文件和事务日志文件，其中数据文件有主数据文件和次数据文件之分，主文件的扩展名为.mdf，辅助文件的扩展名为.ndf，它们主要用于储存数据和对象；存储日志的文件叫日志文件，扩展名为.ldf，主要用于存储恢复数据库中的所有事务所需的信息。因此一个 SQL Server 数据库文件一般包含一个主数据文件、0 个或多个次数据文件和一个日志文件。

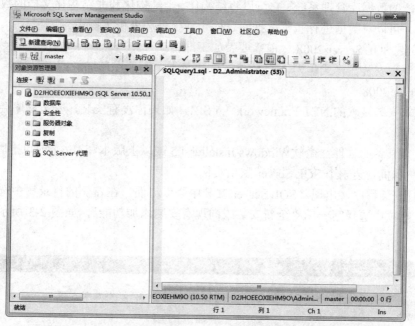

图 2-1   Mcrosoft SQL Server Management Studio 界面

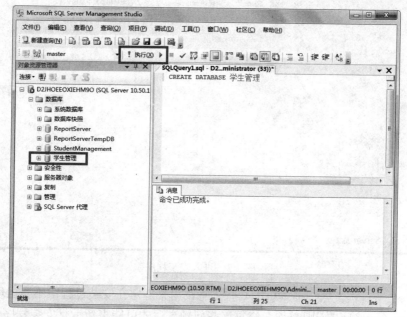

图 2-2   创建数据库"学生管理"

SQL Server 创建数据库时，会同时创建一个单独的事务日志文件。在修改写入数据库前，事务日志会自动记录对数据库所做的所有修改。这有助于防止数据库损坏，是 SQL Server 的一个重要容错特性。

2. 安装 SQL Server 2008

Microsoft SQL Server 2008 在 Microsoft 的数据平台上发布，是一个高可靠、高安全、功能丰富且智能的数据库管理系统，它可以将结构化、半结构化和非结构化文档的数据直接存储到数据库中，可以对数据进行查询、搜索、同步、报告和分析等操作。

（1）安装 SQL Server 2008 之前需要做如下准备：

● 需要被安装在格式化为 NTFS 格式的磁盘上，不能在压缩卷或者只读卷上安装 SQL Server 2008。

● 要求安装微软的.NET Framework 3.5 SP1。如果你没有安装，安装程序会自动安装该组件。

● 必须具备的软件：微软Windows Installer 4.5 或以上版本和 IE6.1 或以上版本。

（2）在本机安装一个 SQL Server 默认实例。

1）运行安装程序，出现"SQL Server 安装中心"界面。在左侧的目录树中选择"安装"；在右侧的选择项中选择第一项"全新安装或向现有安装添加功能"，如图 2-3 所示，进入安装程序。

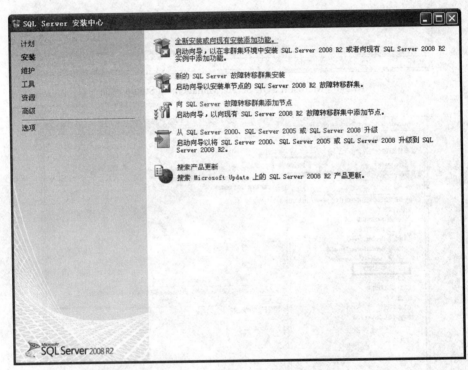

图 2-3 进入安装程序

2）进入准备过程，先扫描本机的一些信息，用来确定在安装过程中不会出现异常。如果在扫描中发现了一些问题，则必须在修复这些问题之后才可能重新运行安装程序进行安装。通过以后输入产口密钥、接受许可条款、安装程序支持文件，如图 2-4 所示。

3）安装程序支持规则，设置角色，这里有 3 个选项可供选择，我们选择"SQL Server 功能安装"，如图 2-5 所示。

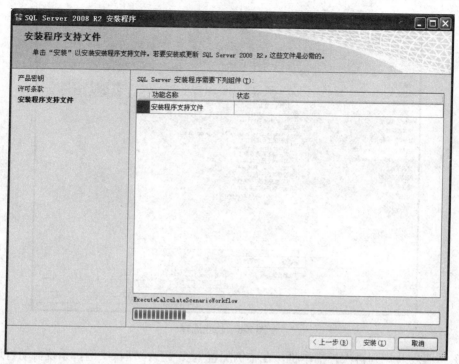

图 2-4 安装程序支持文件

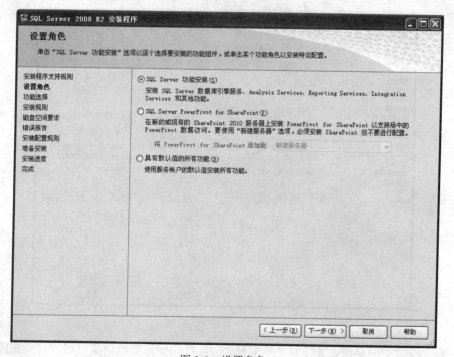

图 2-5 设置角色

4）功能选择，单击"全选"按钮，会发现左边的目录树多了几个项目：在"安装规则"后面多了一个"实例配置"，在"磁盘空间要求"后面多了"服务器配置"、"数据库引擎配置"、"Analysis Services 配置"和"Reporting Services 配置"，如图 2-6 所示。

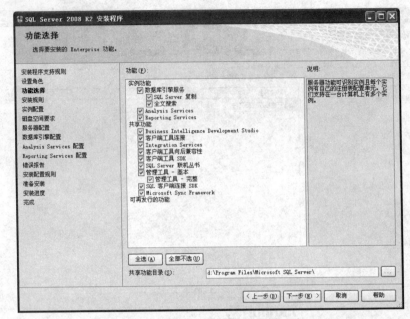

图 2-6　功能选择

5）按照安装规则再次扫描本机，在实例配置里安装一个默认实例，系统自动将这个实例命名为 MSSQLSERVER，如图 2-7 所示。

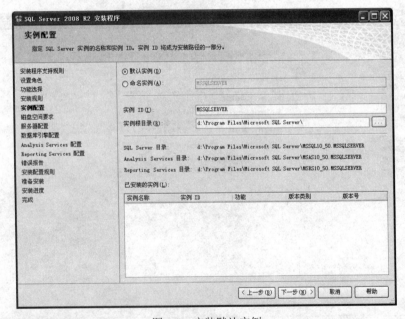

图 2-7　安装默认实例

6）查看磁盘空间要求，进行服务器配置，也就是让操作系统用哪个账户启动相应的服务。可选择"对所有 SQL Server 服务使用相同的账户"，也可以选择 NT AUTHORITY\SYSTEM，用最高权限来运行服务。然后设置排序规则，默认是不区分大小写地按用户的要求自行调整，如图 2-8 所示。

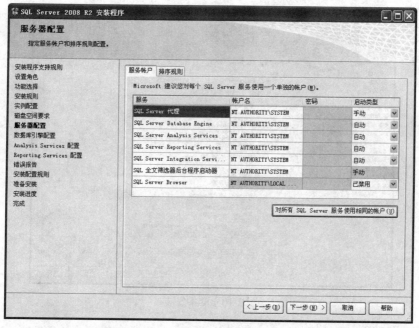

图 2-8 服务器配置

7）数据库引擎配置。引擎配置主要有 3 项，账户设置中，一般 MSSQLSERVER 都作为网络服务器存在，使用混合身份验证，设置自己的用户密码。例如本次安装为管理员账户 sa，设置密码为 123456，然后添加一个本地账户方便管理即可。数据目录和 FILESTREAM 根据实际情况进行修改，如图 2-9 所示。

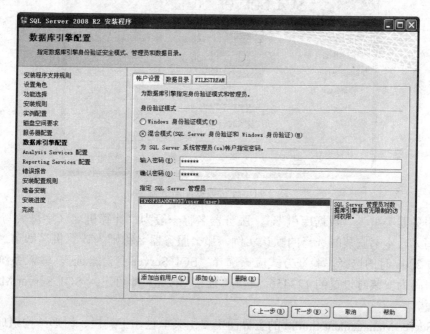

图 2-9 数据库引擎配置

8）按照向导单击"下一步"按钮，直至准备安装，如图 2-10 所示。

9）安装完成。

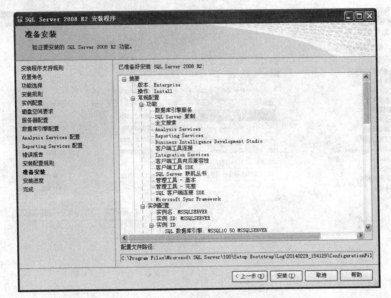

图 2-10　准备安装

（3）启动 SQL Server Management Studio。

安装完成后，可单击"开始"→"所有程序"→Microsoft SQL Server 2008→SQL Server Management Studio 命令，弹出"连接到服务器"对话框，如图 2-11 所示。

图 2-11　连接数据库服务器

其中服务器类型为"数据库引擎"。服务器名称一般为"计算机名（字母大写）\实例名（字母大写）"，本书安装时选择的默认实例，那么服务器名称则为计算机名即可。根据安装 SQL Server 2008 时的选择，验证方式应该选择"SQL Server 身份验证"，输入系统管理员登录名 sa，密码为安装时设置的 123456。单击"连接"按钮，即可进入 SQL Server Management Studio 界面。

SQL Server Management Studio 的主界面主要由菜单栏、工具栏、树形结构组成，其中树形结构的"对象资源管理器"形象地显示了其管理的 SQL Server 数据库的总体结构。

3．SQL 语言简介

SQL（Structure Query Language）是结构化查询语言，用于在关系型数据库中定义、查询、操纵、控制数据。任何应用程序想要向数据库系统发出命令或得到响应，比如学生信息管理系统中需要添加学生信息或查询学生信息，最后都需要体现为 SQL 语句的形式。

SQL 包括 4 个部分：数据查询语言、数据操纵语言、数据定义语言、数据控制语言。它为许多操作提供了命令，包括查询数据，在表中插入、修改和删除记录，建立、修改和删除数据对象，控制对数据和数据对象的存取，保证数据库的一致性和完整性等。

SQL 语言结构简洁、功能强大、简单易学，所以自从 IBM 公司 1981 年推出以来得到了广泛的应用，是所有关系数据库的公共语言。如今像 Oracle、Sybase、Informix、SQL Server 这些大型的数据库管理系统，都支持 SQL 语言作为查询语言。

4. 使用 SQL 语句创建数据库

使用 SQL 语句中的 CREATE DATABASE 语句创建数据库，语法规则如下：

CREATE DATABASE 数据库名

参数说明：数据库名是创建的数据库的名字，遵循标识符的命名规则，在 SQL Server 的实例中必须唯一。

【例 2-1】使用命令创建数据库"图书馆"。

（1）在查询编辑器界面中输入 CREATE DATABASE 图书馆。

（2）单击工具栏中的"执行"按钮。

（3）刷新"对象资源管理器"中的"数据库"文件夹，则可以看到数据库"图书馆"，如图 2-12 所示。

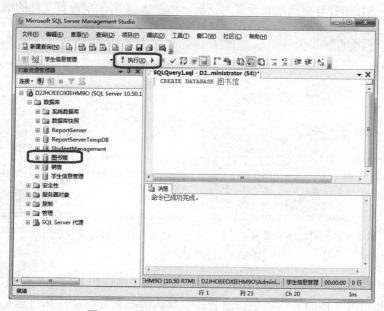

图 2-12　使用命令创建数据库"图书馆"

数据库创建完成后，在"对象资源管理器"的"数据库"文件夹中找到所创建的数据库"图书馆"，右击并选择"属性"命令，在"选择页"中单击"文件"，如图 2-13 所示。

数据库名称为"图书馆"，数据库文件有两个：数据文件和日志文件，数据文件的逻辑名称默认和数据库名称相同，如"图书馆"，日志文件的逻辑名称默认为数据库名加_log，即"图书馆_log"。

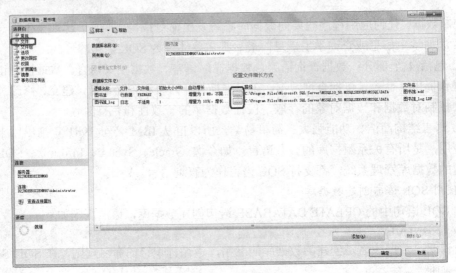

图 2-13　查看数据库属性

　　主数据文件默认的初始大小是 3MB，日志文件默认的初始大小是 1MB，可以通过单击初始大小的值来根据需要调整初始大小。

　　自动增长主要用来设置文件的增长方式。默认情况下，数据文件大小增量为 1MB，不限制文件的最大值；日志文件大小增量为 10%，最大文件大小限制为 2097152MB。可以通过设置文件增长方式后面的按钮打开自动增长设置对话框，如图 2-14 所示来设置文件的增长方式。

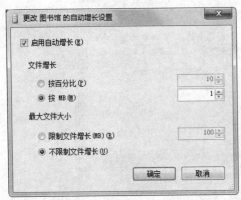

（a）数据文件的自动增长设置　　　　　　（b）日志文件的自动增长设置

图 2-14　设置文件增长方式

　　数据文件和日志文件存储的物理路径默认为数据安装路径的 DATA 文件夹下。

　　数据文件和日志文件的文件名是物理名称，默认情况下数据文件和日志文件的物理名称和逻辑名称相同，数据文件的物理文件名的后缀是.mdf，日志文件的物理名称的后缀是.ldf。

　　5. 重命名数据库

　　数据库创建完成后，可以使用系统存储过程 sp_renamedb 对数据库名称进行更改，语法规则如下：

```
sp_renamedb '旧名字','新名字'
```

　　参数说明：

● 旧名字：数据库更改前的名字。

● 新名字：数据库更改后的名字。

【例 2-2】更改数据库名"学生管理"为"学生信息管理"。

（1）打开查询编辑器，输入代码 sp_renamedb '图书馆','图书馆管理'。

（2）单击工具栏中的"执行"按钮。

（3）刷新"对象资源管理器"中的"数据库"文件夹，则可以看到数据库"图书馆"变为"图书馆管理"，如图 2-15 所示。

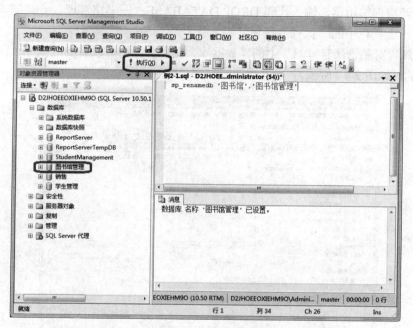

图 2-15　重命名数据库

注意：更改数据库名字并不影响数据库的逻辑名称和物理名称，可以通过右键单击"对象资源管理器"中的数据库文件夹下的"图书馆管理"查看"属性"，选择"文件"选项页查看，如图 2-16 所示，数据名称已经更改为"图书馆管理"，而数据库文件的逻辑名称和物理名称还是原来的"图书馆"。

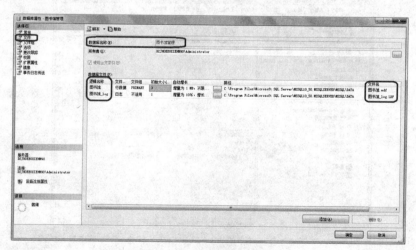

图 2-16　重命名的数据库属性

6. 删除数据库

当用户不再需要某一个数据库的时候，可以通过 DROP　DATABASE 命令删除数据库，数据库一旦删除，相应的数据库文件及其存储的数据都会被删除，语法格式如下：

DROP　DATABASE 数据名列表

参数说明：数据库名列表是要删除的多个数据库名字的列表，中间用逗号隔开。

【例 2-3】使用命令删除数据库"图书馆管理"。

（1）打开查询编辑器，输入代码 DROP DATABASE　图书馆管理。

（2）单击工具栏中的"执行"按钮。

（3）刷新"对象资源管理器"中的"数据库"文件夹，则可以看到数据库"图书馆管理"已经不存在了，如图 2-17 所示。

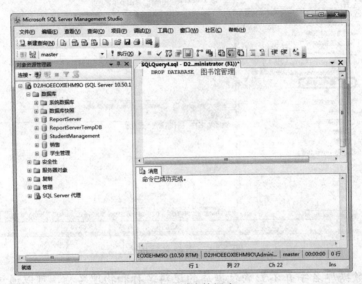

图 2-17　删除数据库

注意：如果数据库"图书馆管理"正在使用，则不能删除，会报错，如图 2-18 所示。

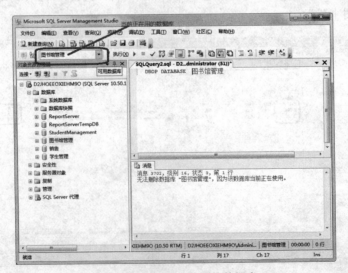

图 2-18　删除正在使用的数据库

7. 查看数据库

要查看一个数据库的信息可以用 sp_helpdb 命令，语法规则如下：

sp_helpdb 数据库名

参数说明：数据库名是存储过程的参数，指出要查看的数据库信息的名字。

【例 2-4】使用命令查看数据库"销售"的信息。

（1）打开查询编辑器，输入代码 sp_helpdb 销售。

（2）单击工具栏中的"执行"按钮，在下方的结果窗格中可以看到数据库"销售"的详细信息，如图 2-19 所示。

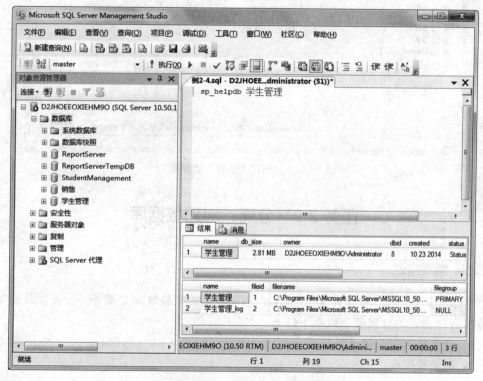

图 2-19　查看数据库的详细信息

2.1.5　应用实践

开发团队采用 SQL Server 2008 为某超市的销售业务系统创建数据库，命名为"销售"。

（1）打开 SQL Server Management Studio，单击工具栏中的"新建查询"按钮。

（2）在"查询编辑器"窗口中输入 CREATE DATABASE 销售。

（3）单击工具栏中的"执行"按钮。

（4）刷新"对象资源管理器"中的"数据库"文件夹，则可以看到数据库"销售"，如图 2-20 所示。

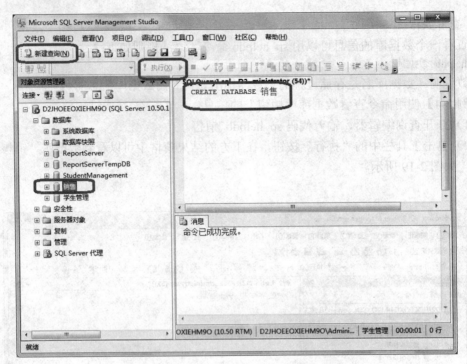

图 2-20　创建"销售"数据库

任务 2.2　分离、附加数据库

2.2.1　情景描述

数据库"学生管理"创建在 SQL Server 2008 默认的安装目录 C 盘下，开发团队需要把数据库转移到 D 盘，为此需要完成以下任务：

（1）分离数据库，拷贝到 D 盘上。

（2）附加数据库。

2.2.2　问题分析

在软件开发过程中，由于操作的需要，需要分离和附加数据库。当数据库需要从一个磁盘转移到另外一个磁盘或者从一台计算机转移到另外一台计算机、删除数据库日志的时候，都需要先分离数据库，需要的操作完成后，再在需要的计算机上附加数据库。

2.2.3　解决方案

（1）单击"开始"→"所有程序"→Microsoft SQL Server 2008 R2→SQL Server Management Studio 命令，选择服务器类型"数据库引擎"、"服务器名称"、"身份验证"、"用户名"和"密码"，单击"连接"按钮。

（2）单击工具栏中的"新建查询"按钮，打开"查询编辑器"窗口。

（3）在"查询编辑器"窗口中输入代码 sp_detach_db 学生管理。

（4）单击工具栏中的"执行"按钮。

（5）刷新"对象资源管理器"中的"数据库"文件夹，则可以看到数据库"学生管理"
不在服务器上，如图 2-21 所示。

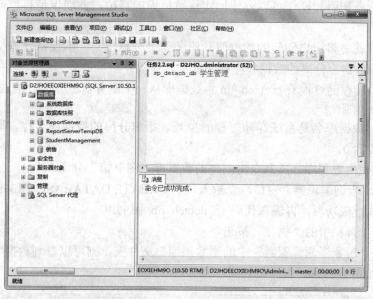

图 2-21　分离数据库

（6）找到数据库"学生管理"所在的文件夹 C:\Program Files\Microsoft SQL Server\
MSSQL10_50.MSSQLSERVER\MSSQL\DATA，可以看到数据库的两个文件，把数据文件"学
生管理.mdf"和日志文件"学生管理_log.ldf"复制粘贴到 D 盘文件夹 sqldata 下。

（7）在"查询编辑器"窗口中输入代码 sp_attach_db '学生管理','D:\sqldata\学生管理.mdf
','D:\sqldata\学生管理_log.ldf'，单击工具栏中的"执行"按钮。

（8）刷新"对象资源管理器"中的"数据库"文件夹，则可以看到数据库"学生管理"
已经在服务器上，如图 2-22 所示。

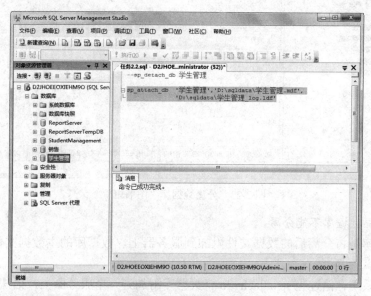

图 2-22　附加数据库

2.2.4　知识总结

数据库的分离和附加操作可以方便地实现数据库的移植，并能保证移植前后数据库状态完全一致。

分离数据库就是将用户创建的数据库从服务器上分离出来，但保持数据文件和日志文件不变。只有从服务器上分离的数据库文件才能实现拷贝。

可以使用系统存储过程 sp_detach_db 将数据库从一个服务器上分离，语法规则如下：

sp_detach_db　数据库名

参数说明：数据库名是系统存储过程的参数，指出分离的数据库名称，要求正在分离的数据库的连接数为 0。

【例 2-5】使用数据库分离命令将创建的数据库"图书馆"分离。

（1）打开"查询编辑器"窗口，先输入代码 CREATE DATABASE 图书馆，创建数据库"图书馆"，执行成功后，再输入代码 sp_detach_db 图书馆。

（2）单击工具栏中的"执行"按钮。

（3）刷新"对象资源管理器"中的"数据库"文件夹，则可以看到数据库"图书馆"不在服务器上，如图 2-23 所示。

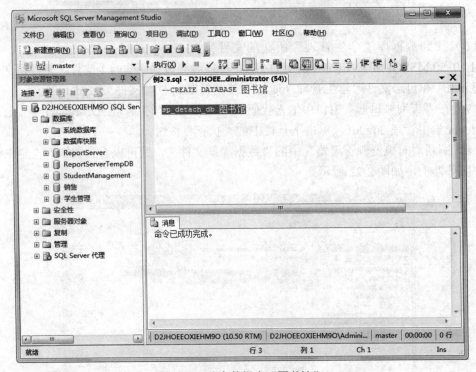

图 2-23　分离数据库"图书馆"

注意：系统数据库不能分离。

附加数据库是将分离后的数据文件附加到服务器上，数据库的主数据文件和日志文件一起构成完整的服务器。

可以使用系统存储过程 sp_attach_db 将数据库附加到一个服务器上，语法规则如下：

sp_attach_db　数据库名,物理地址 1,物理地址 2

参数说明：

● 数据库名：指出要附加的数据库的名字。

● 物理地址 1：数据库的主数据文件所在的物理位置。

● 物理地址 2：数据库的日志文件所在的物理位置。

【例 2-6】将数据库"图书馆"的数据文件和日志文件拷贝到 D 盘 sqldata 文件夹下，使用数据库附加命令将创建的数据库"图书馆"附加到服务器上。

（1）打开"查询编辑器"窗口，输入代码 sp_attach_db '图书馆','D:\sqldata\图书馆.mdf','D:\ sqldata\图书馆_log.ldf'。

（2）单击工具栏中的"执行"按钮。

（3）刷新"对象资源管理器"中的"数据库"文件夹，则可以看到数据库"图书馆"已经在服务器上，如图 2-24 所示。

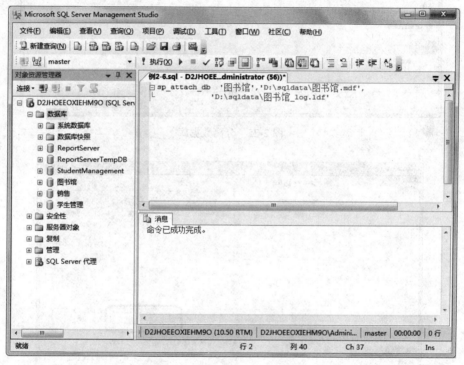

图 2-24 附加数据库"图书馆"

除了使用命令的方式分离和附加数据库，也可以用图形向导的方式来操作。

首先分离数据库"图书馆"，可以通过如下步骤实现：在"对象资源管理器"中的"数据库"文件夹下，找到要分离的数据库"图书馆"，右击并选择"任务"选项下的"分离"功能，打开如图 2-25 所示的界面，选中"删除链接"和"更新统计信息"下的复选框，单击"确定"按钮，完成对数据库"图书馆"的分离操作。

其次，附加从服务器上分离的数据库"图书馆"，通过如下步骤实现：在"对象资源管理器"中，右击"数据库"文件夹，选择"附加"功能，打开如图 2-26 所示的"附加数据库"窗口；单击"添加"按钮，在弹出的"定位数据库文件"对话框中找到附加的数据库"图书馆"所在的位置，选择文件"图书馆.mdf"，单击"确定"按钮，返回到如图 2-27 所示的界面，单击"确定"按钮，完成对数据库"图书馆"的附加操作。

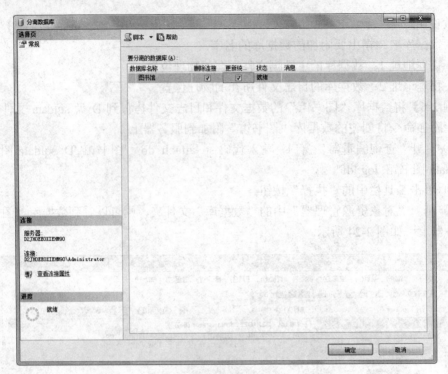

图 2-25 分离数据库

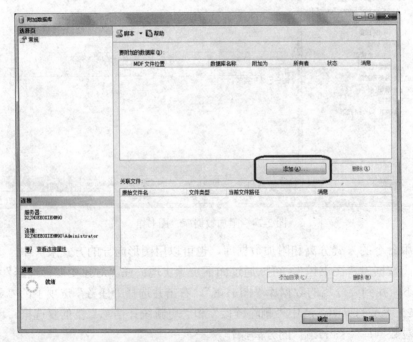

图 2-26 "附加数据库"界面

2.2.5 应用实践

将某超市的销售业务系统的数据库"销售"从服务器上分离,将其主数据文件和日志文件拷贝到 D 盘的 sqldata 文件夹下,将 D 盘的 sqldata 文件夹下的数据库"销售"再附加到服务器上。

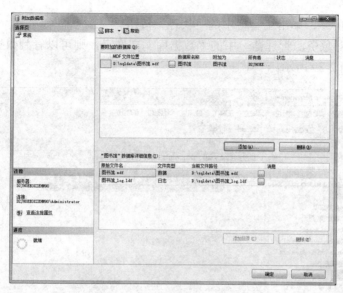

图 2-27　附加数据库的操作

（1）打开 SQL Server Management Studio，单击工具栏中的"新建查询"按钮。

（2）在"查询编辑器"窗口中输入代码 sp_detach_db 销售。

（3）单击工具栏中的"执行"按钮。

（4）刷新"对象资源管理器"中的"数据库"文件夹，则可以看到数据库"销售"不在服务器上，如图 2-28 所示。

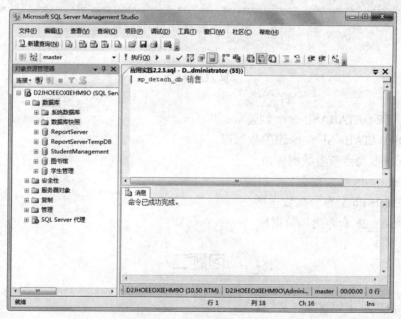

图 2-28　分离数据库"销售"

（5）在计算机上找到数据库"销售"所在的文件夹 C:\Program Files\Microsoft SQL Server\ MSSQL10_50.MSSQLSERVER\MSSQL\DATA，可以看到数据库"销售"的两个文件，把主数据文件"销售.mdf"和日志文件"销售_log.ldf"复制粘贴到 D 盘文件夹 sqldata 下。

（6）在"查询编辑器"窗口中输入代码"sp_attach_db　'销售','D:\sqldata\销售.mdf ','D:\

sqldata\销售_log.ldf'"，单击工具栏中的"执行"按钮。

（7）刷新"对象资源管理器"中的"数据库"文件夹，则可以看到数据库"销售"已经
在服务器上，如图 2-29 所示。

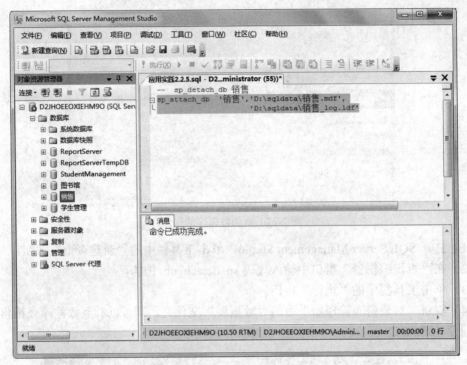

图 2-29　附加数据库"销售"

单元小结

1．CREATE DATABASE 命令创建数据库。

2．DROP DATABASE 命令删除数据库。

3．sp_helpdb 命令查看数据库。

4．sp_renamedb 命令重命名数据库。

5．sp_detach_db 命令分离数据库。

6．sp_attach_db 命令附加数据库

习题二

1．一个数据库中包含哪些文件？

2．什么是 SQL 语言？它包括哪些功能？

3．请使用命令给一个电子商务网站创建一个数据库 shop，并使用命令查看该数据库的信息。

4．请将以上创建的数据库 shop 分离，存放到 D:\sqldata，并重新附加。

5．请使用命令将以上创建的数据库 shop 删除。

单元三　创建与管理数据库表

学习目标

- 数据类型
- 创建表
- 修改表
- 删除表
- 定义约束

任务 3.1　创建表

3.1.1　情景描述

数据库开发人员需要在学生管理数据库中保存"专业"的基本信息，记录专业的编号、专业名称、专业描述和专业状态等信息。

3.1.2　问题分析

为此需要完成以下任务：

（1）根据"专业"的关系模式设计表的字段及字段的属性。

通过分析，得到"专业"表的关系模式为：专业（专业代码（pk），专业名称，描述，状态），"专业"表的结构如表 3-1 所示。

表 3-1　"专业"表的结构

字段名称	数据类型	是否允许 NULL 值	约束
专业代码	int	否	主键
专业名称	varchar(32)	否	
描述	varchar(100)	是	
状态	varchar(20)	是	

（2）根据表结构编写创建"专业"表的语句。

（3）执行语句，完成"专业"表的创建。

3.1.3　解决方案

（1）打开 SQL Server Management Studio，单击"对象资源管理器"中的"数据库"文件夹下的数据库"学生管理"。

（2）单击工具栏中的"新建查询"按钮，打开"查询编辑器"窗口。

（3）在"查询编辑器"窗口中输入以下代码：

```
CREATE TABLE 专业
(
    专业代码  int   primary key,
    专业名称   varchar(32) not null,
    描述  varchar(100),
    状态  varchar(20)
)
```

（4）单击工具栏中的"执行"按钮。

（5）刷新"对象资源管理器"中的"数据库"文件夹下的"学生管理"，展开"学生管理"数据库下的表，可以看到"专业"表创建完成，如图3-1所示。

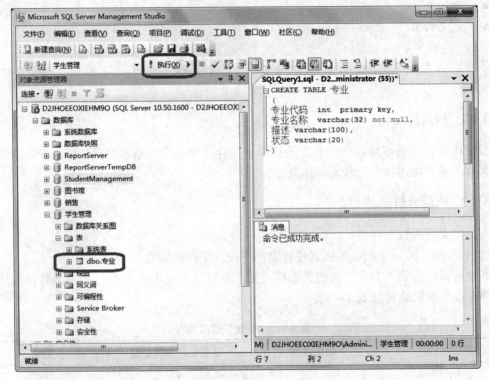

图 3-1　创建"专业"表

3.1.4　知识总结

1. 数据类型

数据类型是数据的一种属性，表示数据所表示信息的类型。每个列、局部变量、表达式和参数都有其各自的数据类型。

SQL Server 2008 主要提供了以下几种数据类型：

（1）整数数据类型。

整数类型是最常用的数据类型之一，主要用来存储精确整数数字的值，可以直接进行算术运算。整数数据类型如表3-2所示。

表 3-2　整数数据类型

数据类型	数据范围	精度	长度
bigint	$[-2^{63},2^{63}-1]$	19	8 个字节
int	$[-2^{31},2^{31}-1]$	10	4 个字节
smallint	$[-2^{15},2^{15}-1]$	5	2 个字节
tinyint	$[0,255]$	3	1 个字节

（2）定点小数数据类型。

定点小数数据类型是指带固定精度和小数位数的数字数据类型。如表 3-3 所示，p 为精度，表示可以存储的十进制数字的总位数，包括小数点左边和右边的位数。s 为小数位数，表示小数点右边可以存储的十进制数字的最大位数。只有指定了精度 p 后才可以指定小数位数，小数位数 s 的值要大于等于 0，小于等于 p。例如 numeric(8,3)，表示精度为 8，共有 8 位数，其中有 5 位整数和 3 位小数。

表 3-3　定点小数数据类型

数据类型	数据范围	精度	小数位数	长度
numeric(p,s)	$[-10^{38}+1,10^{38}-1]$	p	s	精度 p 为 1～9，用 5 字节；精度 p 为 10～19，用 9 字节；精度 p 为 20～28，用 13 字节；精度 p 为 29～38，用 17 字节
decimal(p,s)	$[-10^{38}+1,10^{38}-1]$	p	s	精度 p 为 1～9，用 5 字节；精度 p 为 10～19，用 9 字节；精度 p 为 20～28，用 13 字节；精度 p 为 29～38，用 17 字节

（3）近似数字类型。

近似数字类型是指没有精确数值的数据类型，如表 3-4 所示。

表 3-4　近似数字类型

数据类型	数据范围	精度	长度
float(n)	$[-1.79\times10^{308},1.79\times10^{308}]$	精确到小数点后 15 位	n 省略，用 8 字节；n 取值范围为 1～7，用 4 字节；n 取值范围为 8～15，用 8 字节
real	$[-3.40\times10^{38},3.40\times10^{38}]$	最大可以有 7 位精确位数	4 字节

（4）日期类型。

日期和时间数据类型是用来存储日期和时间的数据类型，datetime 和 smalldatetime 能够存储日期和时间的数据，date 数据类型专门存放日期数据，time 数据类型专门存放时间数据，如表 3-5 所示。

（5）字符数据类型。

字符数据类型是数据库最常用的数据类型之一，字符型数据被放在一对单引号（''）中，在 SQL Server 2008 中提供了 3 种非 unicode 字符串数据类型和 3 种 unicode 字符串数据类型，如表 3-6 所示。

表 3-5   日期类型

数据类型	数据范围	精度	长度
datetime	[1753.1.1,999.12.31]	精确到 3.33 毫秒	8 字节
smalldatetime	[1900.1.1,2079.6.6]	精确到分钟	4 字节
date	[1.1.1,9999.12.31]	精确到天	3 字节
time	[00:00:00.0000000,23:59:59.9999999]	精确到 100 纳秒	5 字节

表 3-6   字符型数据类型

数据类型	长度	解释
char(n)	由 n 指定，n 取值范围为 1～8000	ASCII 编码，固定长度，一个汉字占两个字节，要存放汉字的性别，n 要取值为 2
varchar(n)	由 n 指定，n 取值范围为 1～8000	ASCII 编码，可变长度，最大不超过 n
text	最长为 $2^{31}-1$	ASCII 编码，当字段中存储的字符个数超过 8000 时，选择 text
nchar(n)	由 n 指定，n 取值范围为 1～4000	UNICODE 编码，采用 2 个字节为一个存储单位，固定长度，一个汉字占两个字节，要存放汉字的性别，n 要取值为 1
nvarchar(n)	由 n 指定，n 取值范围为 1～4000	UNICODE 编码，采用 2 个字节为一个存储单位，最大不超过 n
ntext	最长为 $2^{30}-1$	UNICODE 编码，采用 2 个字节为一个存储单位，当字段中存储的字符个数超过 4000 时，选择 text

（6）货币数据类型。

货币数据类型是用来存储货币数据的，如表 3-7 所示。

表 3-7   货币数据类型

数据类型	数据范围	精度	小数位数	长度
money	[-922337203685477.5808,922337203685477.5807]	19	4	8 字节
smallmoney	[-214748.3468,214748.3467]	10	4	4 字节

（7）二进制字符数据类型。

二进制类型是以二进制字符的格式来存储字符串，如表 3-8 所示。

表 3-8   二进制字符数据类型

数据类型	长度	解释
binary(n)	由 n 指定，n 取值范围为 1～8000	存储固定长度为 n 的二进制数据
varbinary(n)	由 n 指定，n 取值范围为 1～8000	存储可变长度为 n 的二进制数据
image	最长为 $2^{31}-1$ 字节	如果字段要存储超过 8000 字节的可变长度的二进制数据，选择 image

（8）其他数据类型。

除了以上数据类型，SQL Server 2008 还提供了很多类数据类型，如表 3-9 所示。

表 3-9　其他数据类型

数据类型	描述
bit	存储 0、1 的逻辑型数据，输入 0 以外的其他值均当作 1 看待
timestamp	时间戳数据类型，主要用于在数据表中记录其数据的修改时间
uniqueidentifier	用于存储 16 位 GUID 的唯一标识符数据类型
table	用来存储随后进行的处理的结果集

2. 创建表

数据库实质上是存放数据的容器，本身无法存储数据，存储数据是通过数据库中的表实现的。表是包含数据库中所有数据的数据库对象，主要用于组织和存储数据。表定义为列的集合，每列由同类的信息组成。数据在表中是按行和列的格式组织排列的，每行代表唯一的一条记录，而每列代表记录中的一个域。

在创建表之前，需要定义表中列的名称、每列的数据类型和宽度，还需要设定表中的列是否允许为空、主键是什么。

使用 CREATE　TABLE 语句创建表，语法规则如下：

```
CREATE TABLE 表名
(
    列名 1    数据类型    约束,
    列名 2    数据类型    约束,
    列名 3    数据类型    约束,
    ...
    列名 n    数据类型    约束
)
```

参数说明：

- 表名：用于指定所创建的表的名称。
- 列名：用于指定创建表包含的列的名称。
- 数据类型：用于指定表中包含的列的数据类型。
- 约束：用于指定列需要满足的约束，包含是否为空（NULL）、是否有默认值、是否是主键、是否是外键、是否唯一、是否限定取值范围。如果省略，约束默认允许为空值。

【例 3-1】在"学生管理"数据库中创建不带任何约束的"系部"表，具体的表结构如表 3-10 所示。

表 3-10　"系部"表

字段名称	数据类型	是否允许 NULL 值	约束
系部代码	int	是	
系部名称	varchar(50)	是	
办公电话	varchar(11)	是	
系主任	varchar(20)	是	

（1）打开 SQL Server Management Studio，在工具栏中单击"新建查询"按钮，打开 SQL编辑器，编写如下代码：

```
CREATE TABLE 系部
(
    系部代码    int,
    系部名称    varchar(50),
    办公电话    char(11),
    系主任     varchar(20)
)
```

（2）单击工具栏中的"执行"按钮。

（3）刷新"对象资源管理器"中的"数据库"文件夹下的"学生管理",展开"学生管理"数据库下的表,可以看到"系部"表创建完成,如图 3-2 所示。

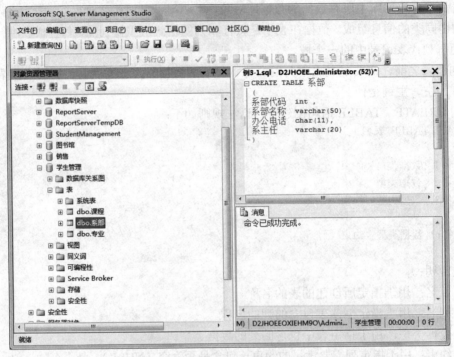

图 3-2   创建"系部"表

3. 约束

（1）非空（NOT NULL）约束。

列是否为空决定了表中的字段是否允许为空值。设置了非空约束的列,满足列的取值不为空的要求。在创建表时使用 NOT   NULL 关键字指定非空约束的语法规则为:

```
CREATE TABLE 表名
(
    列名1    数据类型    NOT    NULL,
    列名2    数据类型    ,
    列名3    数据类型    ,
    ...
    列名n    数据类型
)
```

【例 3-2】在"学生管理"数据库中创建带非空约束的"课程"表,具体的表结构如表 3-11 所示。

表 3-11　"课程"表

字段名称	数据类型	是否允许 NULL 值	约束
课程编号	int	否	
课程名称	varchar(50)	否	
课程性质	varchar(30)	否	
学分	int	否	
开课学期	varchar(20)	否	
课程分类	varchar(20)	否	

1）打开 SQL Server Management Studio，在工具栏中单击"新建查询"按钮，打开 SQL 编辑器，编写如下代码：

```
CREATE TABLE 课程
(
    课程编号    int    not null,
    课程名称    varchar(50) not null,
    课程性质    varchar(30) not null,
    学分        int not null,
    开课学期    varchar(20) not null,
    课程分类    varchar(20) not null
)
```

2）单击工具栏中的"执行"按钮。

3）刷新"对象资源管理器"中的"数据库"文件夹下的"学生管理"，展开"学生管理"数据库下的表，可以看到"课程"表创建完成，如图 3-3 所示。

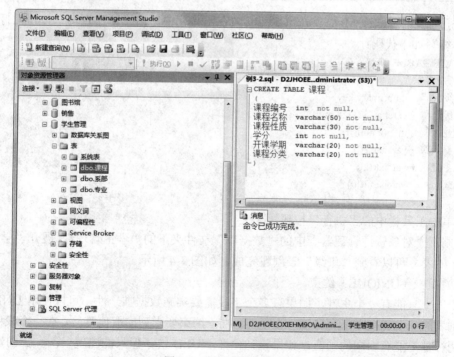

图 3-3　创建"课程"表

（2）主键（PRIMARY KEY）约束。

在表中定义一个主键来唯一标识表中的每行记录。每个表中只能有一个主键，要求主键列的数据唯一，并且不允许为空。在一个表中，不能有两行具有相同的主键值。在创建表的时候使用 PRIMARY KEY 来创建主键约束的语法规则为：

```
CREATE TABLE 表名
(
    列名 1    数据类型    PRIMARY KEY,
    列名 2    数据类型    ,
    列名 3    数据类型    ,
    ...
    列名 n    数据类型
)
```

【例 3-3】在"学生管理"数据库中创建带主键约束的"班级"表，具体的表结构如表 3-12 所示。

表 3-12　"班级"表

字段名称	数据类型	是否允许 NULL 值	约束
班级代码	int	否	主键
班级名称	varchar(50)	否	
专业代码	int	否	
所属年级	varchar(20)	是	
班主任	varchar(20)	是	
描述	varchar(100)	是	

1）打开 SQL Server Management Studio，在工具栏中单击"新建查询"按钮，打开 SQL 编辑器，编写如下代码：

```
CREATE TABLE 班级
(
    班级代码    int primary key,
    班级名称    varchar(50) not null,
    专业代码    int not null,
    所属年级    varchar(20),
    班主任      varchar(20),
    描述        varchar(100)
)
```

2）单击工具栏中的"执行"按钮。

3）刷新"对象资源管理器"中的"数据库"文件夹下的"学生管理"，展开"学生管理"数据库下的表，可以看到"班级"表创建完成，如图 3-4 所示。

（3）唯一（UNIQUE）约束。

一个表中只能有一个主键，如果有多个字段需要实施数据唯一性，可以使用 UNIQUE 约束来限制表的非主键列中不允许输入重复值。唯一约束要求列的取值唯一，在一个表中，该列的任何两行都不能有相同的列值，如果该列允许 NULL 值，但只能出现一次。在创建表的时候使用 UNIQUE 来创建唯一约束的语法规则为：

```
CREATE TABLE 表名
(
    列名 1   数据类型    UNIQUE,
    列名 2   数据类型    ,
    列名 3   数据类型    ,
    ...
    列名 n   数据类型
)
```

图 3-4 创建"班级"表

【例 3-4】在"学生管理"数据库中创建带唯一约束的"学生"表，具体的表结构如表 3-13 所示。

表 3-13 "学生"表

字段名称	数据类型	是否允许 NULL 值	约束
学号	int	否	主键
姓名	varchar(50)	否	
性别	char(2)	否	
出生日期	datetime	是	
个人联系电话	char(11)	是	唯一约束
政治面貌	varchar(20)	是	
身份证号	char(18)	否	
邮政编码	varchar(10)	是	
家庭联系电话	char(11)	是	唯一约束
家庭联系地址	varchar(100)	是	

1）打开 SQL Server Management Studio，在工具栏中单击"新建查询"按钮，打开 SQL 编辑器，编写如下代码：

```
CREATE TABLE 学生
(
    学号              int    primary key,
    姓名              varchar(50) not null,
    性别              char(2) not null,
    出生日期          datetime,
    个人联系电话      char(11) unique,
    政治面貌          varchar(20),
    身份证号          char(18),
    邮政编码          varchar(10),
    家庭联系电话      char(11) unique,
    家庭联系地址      varchar(100)
)
```

2）单击工具栏中的"执行"按钮。

3）刷新"对象资源管理器"中的"数据库"文件夹下的"学生管理"，展开"学生管理"数据库下的表，可以看到"学生"表创建完成，如图 3-5 所示。

图 3-5 创建"学生"表

主键与 UNIQUE 约束的区别主要为：

- UNIQUE 约束，主要用在非主键的一列或多列上要求数据唯一的情况。
- UNIQUE 约束，允许该列上存在 NULL 值，而主键决不允许出现这种情况。
- 可以在一个表上设置多个 UNIQUE 约束，而在一个表中只能设置一个主键约束。

（4）检查（CHECK）约束。

CHECK 约束用来检查输入数据的取值是否正确，只有符合检查约束的数据才能输入，从而维护域的完整性，列的输入内容必须满足 CHECK 后面的约束条件。不满足限定范围的值不能正常输入。可以在一个表中为每列指定多个检查约束。在创建表的时候使用 CHECK 关键字来创建检查约束的语法规则为：

```
CREATE TABLE  表名
(
    列名1    数据类型    CHECK(约束条件),
    列名2    数据类型    ,
    列名3    数据类型    ,
    ...
    列名n    数据类型
)
```

约束条件为创建的检查约束满足的条件表达式，主要由比较运算符和逻辑运算符组成。比较运算符和逻辑运算符的符号及功能如表 3-14 和表 3-15 所示。

表 3-14 比较运算符

运算符	表达式	功能
=	a=b	判断表达式 a 和表达式 b 的值是否相等
>	a>b	判断表达式 a 是否大于表达式 b 的值
>=	a>=b	判断表达式 a 是否大于等于表达式 b 的值
!<	a!<b	判断表达式 a 是否不小于表达式 b 的值
<	a<b	判断表达式 a 是否小于表达式 b 的值
<=	a<=b	判断表达式 a 是否小于等于表达式 b 的值
!>	a!>b	判断表达式 a 是否不大于表达式 b 的值
<>	a<>b	判断表达式 a 是否不等于表达式 b 的值
!=	a!=b	判断表达式 a 是否不等于表达式 b 的值

表 3-15 逻辑运算符

运算符	表达式	功能
and	A and B	表达式 A 和 B 的值都为真时，整个表达式的结果为真
or	A or B	表达式 A 或 B 的值为真时，整个表达式的结果为真
not	not A	表达式 A 的值为真，整个表达式的结果为假，表达式 A 的值为假时，整个表达式的结果为假
in	A in(a1,a2,a3,...)	如果 A 的值与集合里面的任意值相等，则返回真
between	C Between A and B	如果 C 的值在 A 和 B 之间，则返回真

【例 3-5】在"学生管理"数据库中创建带检查约束的"教师"表，具体的表结构如表 3-16 所示。

表 3-16　"教师"表

字段名称	数据类型	是否允许 NULL 值	约束
教师编号	int	否	主键
教师姓名	varchar(50)	否	
性别	char(2)	是	取值范围：男，女
职称	varchar(20)	是	
学历	varchar(20)	是	
学位	varchar(20)	是	
专业	varchar(20)	是	

1）打开 SQL Server Management Studio，在工具栏中单击"新建查询"按钮，打开 SQL 编辑器，编写如下代码：

```
CREATE TABLE 教师
(
    教师编号  int primary key,
    教师姓名  varchar(50) not null,
    性别      char(2) check(性别='男' or 性别='女') ,
    职称      varchar(20),
    学历      varchar(20),
    学位      varchar(20),
    专业      varchar(20)
)
```

2）单击工具栏中的"执行"按钮。

3）刷新"对象资源管理器"中的"数据库"文件夹下的"学生管理"，展开"学生管理"数据库下的表，可以看到"教师"表创建完成，如图 3-6 所示。

图 3-6　创建"教师"表

（5）外键（FOREIGN KEY）约束。

用于建立两个表之间的连接，当一个表的主键列在另外一个表中被引用时，就在这两个表中创建了连接。被引用的数据表称为主表，被引用列称为主键；引用表称为外键约束表，也称为从表，引用列称为外键。外键约束保证了数据库中各个数据表中数据的一致性和正确性。在创建表的时候使用 FOREIGN KEY 来创建外键约束，需要用 references 关键字指出来引用的主表的哪一列，语法规则为：

```
CREATE TABLE 表名
(
    列名1   数据类型   FOREIGN KEY   REFERENCES   表名(列名),
    列名2   数据类型   ,
    列名3   数据类型   ,
    ...
    列名n   数据类型
)
```

【例3-6】在"学生管理"数据库中创建带外键约束的"辅导员评语"表，具体的表结构如表3-17所示。

表3-17 "辅导员评语"表

字段名称	数据类型	是否允许 NULL 值	约束
评价代码	int	否	主键
学号	int	是	外键
学期	varchar(20)	是	
评价寄语	text	是	

1）打开 SQL Server Management Studio，在工具栏中单击"新建查询"按钮，打开 SQL编辑器，编写如下代码：

```
CREATE TABLE 辅导员评语
(
    评价代码  int primary key,
    学号      int foreign key references 学生(学号),
    学期      varchar(20) ,
    评价寄语  text
)
```

2）单击工具栏中的"执行"按钮。

3）刷新"对象资源管理器"中的"数据库"文件夹下的"学生管理"，展开"学生管理"数据库下的表，可以看到"辅导员评语"表创建完成，如图3-7所示。

（6）默认（DEFAULT）约束。

为表中某列建立一个默认值，当添加一条记录的时候没有为此列提供输入值，则取默认值。在创建表的时候使用 DEFAULT 来创建默认约束的语法规则为：

```
CREATE TABLE 表名
(
    列名1   数据类型   DEFAULT   默认值,
    列名2   数据类型   ,
```

```
    列名 3    数据类型    ,
    ...
    列名 n    数据类型
)
```

图 3-7   创建"辅导员评语"表

【例 3-7】在"学生管理"数据库中创建带默认约束的"选课"表,具体的表结构如表 3-18 所示。

表 3-18   "选课"表

字段名称	数据类型	是否允许 NULL 值	约束
学号	int	否	主键,外键
课程编号	int	是	主键
成绩	numeric(5,2)	是	默认为 0

1) 打开 SQL Server Management Studio,在工具栏中单击"新建查询"按钮,打开 SQL 编辑器,编写如下代码:

```
CREATE TABLE 选课
(
    学号        int foreign key references 学生(学号),
    课程编号    int,
    成绩        numeric(5,2)    default 0
    primary key(学号,课程编号)
)
```

2）单击工具栏中的"执行"按钮。

3）刷新"对象资源管理器"中的"数据库"文件夹下的"学生管理"，展开"学生管理"数据库下的表，可以看到"选课"表创建完成，如图 3-8 所示。

图 3-8 创建"选课"表

注意：① 如果一个表的主键是多个列的组合键，那么创建主键的时候需要在 PRIMARY KEY 后面用括号说明主键的组合列表，中间用逗号隔开；② "选课"表中的字段"课程编号"也应该作为外键来关联"课程"表，但是在"课程"表创建的时候没有设置主键，外键是不能关联一个不是主键的列的，所以在本例中，"选课"表的"课程编号"字段没有办法关联"课程"表的"课程编号"字段。

3.1.5 应用实践

为了保存销售业务系统用户的账户信息，需要设计"账号"表，并在数据库"销售"中创建表格。"账号"表结构如表 3-19 所示。

表 3-19 "账号"表

字段名称	数据类型	是否允许 NULL 值	约束
用户 ID	varchar(50)	否	主键
密码	varchar(50)	否	默认：111111
用户名	varchar(50)	否	唯一

续表

字段名称	数据类型	是否允许 NULL 值	约束
邮件	varchar(50)	是	
地址	varchar(100)	是	
邮编	varchar(10)	是	
电话	char(11)	否	
状态	varchar(20)	是	取值范围：启用，停用

（1）打开 SQL Server Management Studio，单击"对象资源管理器"中的"数据库"文件夹下的数据库"销售"。

（2）单击工具栏中的"新建查询"按钮，打开"查询编辑器"窗口。

（3）在"查询编辑器"窗口中输入以下代码：

```
CREATE TABLE 账号
(
    用户 ID varchar(50) primary key,
    密码      varchar(50) not null default '111111',
    用户名 varchar(50) not null unique,
    邮件      varchar(50),
    地址      varchar(100),
    邮编      varchar(10),
    电话      char(11) not null,
    状态      varchar(20) check(状态  in('停用','启用'))
)
```

（4）单击工具栏中的"执行"按钮。

（5）刷新"对象资源管理器"中的"数据库"文件夹下的"销售"，展开"销售"数据库下的表，可以看到"账号"表创建完成，如图 3-9 所示。

图 3-9 创建"账号"表

注意：创建表的命令在当前的数据库"销售"中。

任务 3.2 修改表

3.2.1 情景描述

数据库开发人员发现按照现有的关系模式，学生和班级之间的对应关系没有建立起来，在现有的表中没有办法在保存学生信息的同时保存其所在的班级信息，需要在"学生"表中添加一列"班级编号"，然后把添加的"班级编号"字段设为外键，关联班级表的"班级代码"字段。

3.2.2 问题分析

在表创建好后若发现问题，可以通过修改表的方式来解决，我们可以对现有的表进行添加一列、删除一列、修改某列的数据类型、添加约束、删除约束等操作。外键和所关联的表的主键的取值范围要一致，所以在"学生"表添加的"班级编号"字段的数据类型和表 3-12 的"班级"表的"班级代码"的数据类型要相同，添加的字段数据类型确定为 int 类型。

3.2.3 解决方案

（1）打开 SQL Server Management Studio，单击"对象资源管理器"中的"数据库"文件夹下的数据库"学生管理"。

（2）单击工具栏中的"新建查询"按钮，打开"查询编辑器"窗口。

（3）在"查询编辑器"窗口中输入以下代码：

```
ALTER  TABLE 学生 add 班级编号 int
```

（4）单击工具栏中的"执行"按钮，展开"对象资源管理器"中的"数据库"文件夹，选择数据库"学生管理"→"表"文件夹，刷新"学生"表下的列，可以看到"学生"表的列"班级编号"添加完成。

（5）在"查询编辑器"窗口中添加以下代码：

```
ALTER  TABLE 学生 add foreign key(班级编号) references 班级(班级代码)
```

（6）再次刷新"学生"表下的列，可以看到"班级编号"字段旁边有灰色的钥匙图标，表明外键创建完成，如图 3-10 所示。

3.2.4 知识总结

当一个表创建之后再对其结构进行改变的时候不需要重新创建表，只需要对原有表进行修改即可。

（1）修改表的结构，使用 ALTER TABLE 命令为表添加一列的语法规则为：

```
ALTER  TABLE 表名 ADD 列名  数据类型
```

参数说明：

● 表名：指出要修改的表的名字。

● 列名：指出要添加的字段名。

● 数据类型：指出要添加的字段的数据类型。

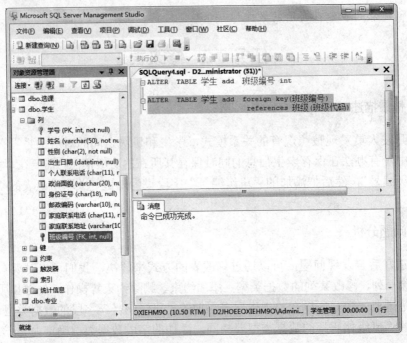

图 3-10　修改"学生"表

【例 3-8】在"教师"表中添加一列，列名为"系部代码"，列的数据类型为 int。

1）打开 SQL Server Management Studio，在工具栏中单击"新建查询"按钮，打开 SQL 编辑器，编写如下代码：

```
ALTER TABLE 教师 add 系部代码 int
```

2）单击工具栏中的"执行"按钮。

3）刷新"教师"表下的列，可以看到"教师"表的列"系部代码"添加完成，如图 3-11 所示。

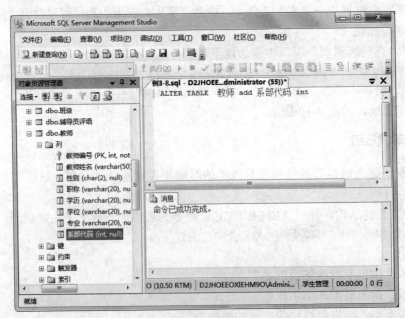

图 3-11　添加"系部代码"列

（2）修改表的结构，使用 ALTER TABLE 命令为表删除一列的语法规则为：

ALTER　TABLE　表名　DROP COLUMN 列名

参数说明：

- 表名：指出要修改的表的名字。
- 列名：指出要删除的字段名。

【例 3-9】在"学生"表中删除一列，列名为"邮政编码"。

1）打开 SQL Server Management Studio，在工具栏中单击"新建查询"按钮，打开 SQL 编辑器，编写如下代码：

ALTER TABLE 学生 drop column 邮政编码

2）单击工具栏中的"执行"按钮。

3）刷新"学生"表下的列，与图 3-10 比较，从"对象资源管理器"窗口中可以看到"学生"表的列"邮政编码"删除成功，如图 3-12 所示。

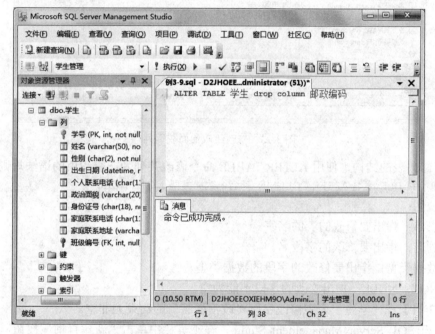

图 3-12　删除"邮政编码"列

（3）修改表的结构，使用 ALTER TABLE 命令修改表中列的数据类型的语法规则为：

ALTER　TABLE 表名 ALTER　COLUMN 列名　数据类型

参数说明：

- 表名：指出要修改的表的名字。
- 列名：指出要修改的字段名。
- 数据类型：指出要修改的字段的新数据类型。

【例 3-10】在"学生"表中修改字段"政治面貌"的数据类型为 varchar(10)。

1）打开 SQL Server Management Studio，在工具栏中单击"新建查询"按钮，打开 SQL 编辑器，编写如下代码：

ALTER TABLE 学生 alter column 政治面貌 varchar(10)

2）单击工具栏中的"执行"按钮。

3）刷新"学生"表下的列，与图 3-12 比较，从"对象资源管理器"窗口中可以看到"学生"表的列"政治面貌"的数据类型由 varchar(20)变为 varchar(10)，如图 3-13 所示。

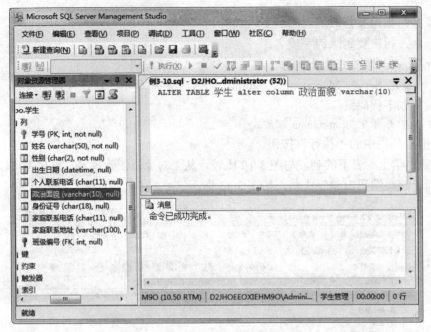

图 3-13 修改"政治面貌"列

（4）修改表的结构，使用 ALTER TABLE 命令修改某列为非空约束的语法规则为：

ALTER TABLE 表名 ALTER COLUMN 列名 数据类型 NOT NULL

参数说明：

- 表名：指出要修改的表的名字。
- 列名：指出要修改的字段名。
- 数据类型：指出要修改的字段的数据类型。
- NOT NULL：指出修改的字段不能为空。

【例 3-11】在"学生"表中修改字段"政治面貌"的约束为非空。

1）打开 SQL Server Management Studio，在工具栏中单击"新建查询"按钮，打开 SQL 编辑器，编写如下代码：

ALTER TABLE 学生 alter column 政治面貌 varchar(10) not null

2）单击工具栏中的"执行"按钮。

3）刷新"学生"表下的列，与图 3-13 比较，从"对象资源管理器"窗口中可以看到"学生"表的"政治面貌"列从 NULL 改为 NOT NULL，如图 3-14 所示。

（5）修改表的结构，使用 ALTER TABLE 命令为表添加主键约束的语法规则为：

ALTER TABLE 表名 ADD PRIMARY KEY(列名)

参数说明：

- 表名：指出要修改的表的名字。
- 列名：指出要添加主键约束的字段名。
- PRIMARY KEY：指出要添加的约束为主键约束。

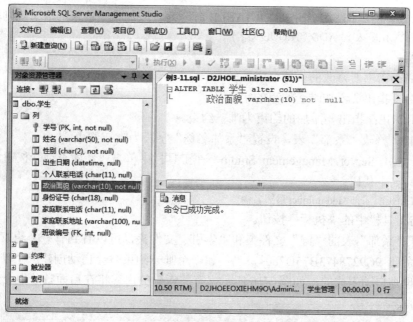

图 3-14　添加非空约束

【例 3-12】修改表"课程"表，设置"课程编号"字段为主键约束。

1）打开 SQL Server Management Studio，在工具栏中单击"新建查询"按钮，打开 SQL 编辑器，编写如下代码：

```
ALTER TABLE 课程  add primary key(课程编号)
```

2）单击工具栏中的"执行"按钮。

3）刷新"课程"表下的列，可以看到"课程"表的列"课程编号"旁有个黄色的钥匙图标，表明主键约束添加完成，如图 3-15 所示。

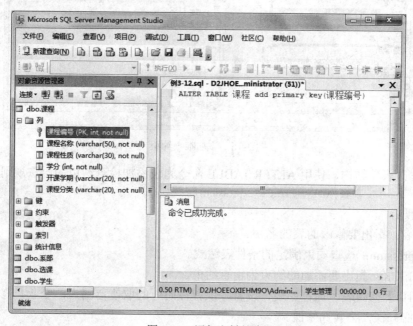

图 3-15　添加主键约束

（6）修改表的结构，使用 ALTER TABLE 命令为表添加唯一约束的语法规则为：

ALTER　TABLE 表名 ADD UNIQUE(列名)

参数说明：

● 表名：指出要修改的表的名字。

● 列名：指出要添加唯一约束的字段名。

● UNIQUE：指出要添加的约束为唯一约束。

【例 3-13】修改"系部"表，设置"系部名称"字段为唯一约束。

1）打开 SQL Server Management Studio，在工具栏中单击"新建查询"按钮，打开 SQL 编辑器，编写如下代码：

ALTER TABLE 系部　add unique(系部名称)

2）单击工具栏中的"执行"按钮。

3）展开"系部"表的"键"文件夹和"索引"文件夹，可以看到有一个约束名和索引名均为"UQ_系部_9C9278473B75D760"，当创建一个唯一约束时会自动创建一个唯一的非聚焦索引，名字也是自动生成的，如图 3-16 所示，有关索引的内容将在后面章节中介绍。

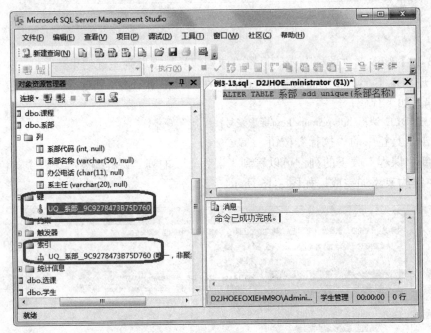

图 3-16　添加唯一约束

（7）修改表的结构，使用 ALTER TABLE 命令为表添加检查约束的语法规则为：

ALTER　TABLE 表名 ADD　CHECK(expression)

参数说明：

● 表名：指出要修改的表的名字。

● expression：检查约束满足的条件表达式。

● CHECK：指出要添加的约束为检查约束。

【例 3-14】修改表"课程"表，设置"课程性质"的取值范围为：专业必修课，专业选修课，公共必修课，公共选修课。

1）打开 SQL Server Management Studio，在工具栏中单击"新建查询"按钮，打开 SQL

编辑器，编写如下代码：

> ALTER TABLE 课程 add check(课程性质 in('专业必修课','专业选修课','公共必修课','公共选修课'))

2）单击工具栏中的"执行"按钮。

3）展开"课程"表下的"约束"文件夹，可以看到有一个检查约束名为"CK_课程_课程性质_3D5E1FD2"，如图 3-17 所示。

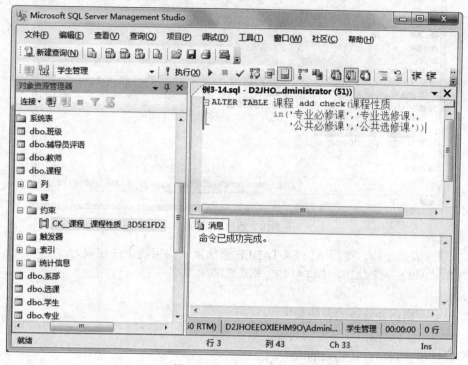

图 3-17　添加检查约束

（8）修改表的结构，使用 ALTER TABLE 命令为表添加外键约束的语法规则为：

> ALTER　TABLE 表名 1 ADD FOREIGN KEY(列名 1) REFERENCES　表名 2(列名 2)

参数说明：

- 表名 1：指出要修改的表的名字。
- 列名 1：指出表名 1 的外键列的字段名。
- FOREIGN KEY：指出要添加的约束是外键约束。
- 表名 2：指出外键列名 1 要参考的主表名。
- 列名 2：指出外键列名 1 要引用的表名 2 里面的主键列名。

【例 3-15】修改表"选课"表，设置"课程编号"字段为外键约束，关联表"课程"的"课程编号"字段。

1）打开 SQL Server Management Studio，在工具栏中单击"新建查询"按钮，打开 SQL 编辑器，编写如下代码：

> ALTER TABLE 选课 add foreign key(课程编号)　references 课程(课程编号)

2）单击工具栏中的"执行"按钮。

3）刷新"课程"表下的文件夹"键"，可以看到生成的外键约束名"FK_选课_课程编号_3F466844"，如图 3-18 所示。

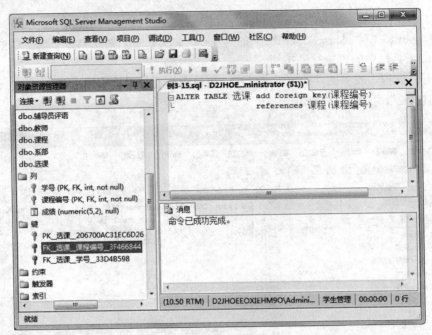

图 3-18　添加外键约束

（9）修改表的结构，使用 ALTER TABLE 添加默认约束的语法规则为：

ALTER　TABLE 表名 ADD　DEFAULT　默认值 FOR 列名

参数说明：

- 表名：指出要修改的表的名字。
- DEFAULT：指出要添加的约束是默认约束。
- 默认值：指出默认约束的取值。
- 列名：指出默认约束所用的列名。

【例 3-16】修改表"教师"表，设置"职称"字段的默认值为"助教"。

1）打开 SQL Server Management Studio，在工具栏中单击"新建查询"按钮，打开 SQL 编辑器，编写如下代码：

ALTER TABLE 教师 add default　'助教'　for 职称

2）单击工具栏中的"执行"按钮。

3）刷新"教师"表下的文件夹"约束"，可以看到生成的默认约束名"DF_教师_职称_403A8C7D"，如图 3-19 所示。

（10）修改表的结构，使用 ALTER TABLE 删除约束的语法规则为：

ALTER　TABLE 表名 DROP　CONSTRAINT　约束名

参数说明：

- 表名：指出要修改的表的名字。
- 约束名：指出要删除的约束的名字。

【例 3-17】修改表"教师"表，删除默认约束"DF_教师_职称_403A8C7D"。

1）打开 SQL Server Management Studio，在工具栏中单击"新建查询"按钮，打开 SQL 编辑器，编写如下代码：

ALTER TABLE 教师 drop constraint　DF_教师_职称_403A8C7D

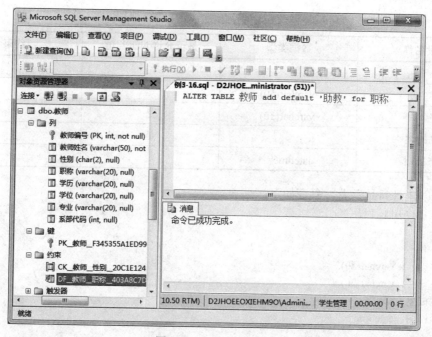

图 3-19　添加默认约束

2）单击工具栏中的"执行"按钮。

3）刷新"教师"表下的文件夹"约束"，与图 3-19 比较，可以看到名为"DF_教师_职称_403A8C7D"的默认约束已经删除成功，如图 3-20 所示。

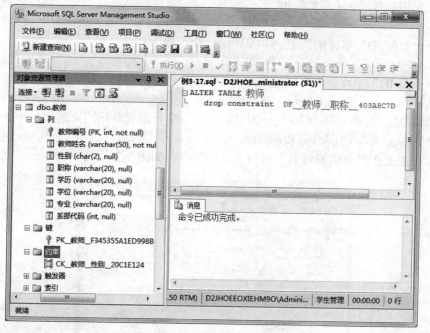

图 3-20　删除默认约束

3.2.5　应用实践

为了存储销售业务系统的商品信息，设计"商品"表，表结构如表 3-20 所示。

表 3-20   "商品"表

字段名称	数据类型	是否允许 NULL 值	约束
商品 ID	int	是	
名称	varchar(50)	是	
价格	varchar(30)	是	
产品描述	text	是	
生产日期	datetime	是	

（1）创建"商品"表，命令如下：

```
CREATE TABLE 商品
(
    商品 ID      int,
    名称        varchar(50),
    价格        varchar(30),
    产品描述    text,
    生产日期    datetime
)
```

（2）执行成功后，发现"商品"表的字段"价格"数据类型有误，需要通过修改表的方式修改表中字段的数据类型，命令如下：

```
ALTER TABLE 商品 alter column 价格 money
```

（3）发现需要为"商品"表添加字段"保质期"，定时查看商品是否在保质期内，命令如下：

```
ALTER TABLE 商品 add 保质期 int
```

（4）为了识别每一行，需要为"商品"表添加主键约束，由于主键约束要求不能为空，首先要设置"商品 ID"字段的约束为非空约束，命令如下：

```
ALTER TABLE 商品 alter column 商品 ID int not null
```

再为"商品 ID"字段添加主键约束，命令如下：

```
ALTER TABLE 商品 add primary key(商品 ID)
```

（5）商品的保质期一般为 30 天，为"保质期"字段设置默认约束的命令如下：

```
ALTER TABLE 商品 add default 30 for 保质期
```

以上命令需要在"查询编辑器"窗口中分别执行，如图 3-21 所示。

图 3-21   "商品"表的创建、修改

任务 3.3　删除表

3.3.1　情景描述

数据库开发人员发现"教师"表中的"系部代码"字段没有与"系部"表进行关联，但不想修改表，可以先把表删除，再重新创建，那么需要完成以下任务：

（1）删除"教师"表。

（2）删除"系部"表。

（3）重新创建"系部"表，设置"系部代码"为主键。

（4）重新创建"教师"表，"教师"表的"系部代码"与"系部"表的"系部代码"字段关联。

3.3.2　问题分析

当一个表不再需要的时候，可以使用删除命令把表从数据库中删除。如果一个表需要修改，也可以通过删除表的方式，先删除表，再按照需要重新建立表。"教师"表中的"系部代码"如果要作为外键引用"系部"表的"系部代码"字段，首先要保证"系部"表的"系部代码"字段是"系部"表的主键字段。

3.3.3　解决方案

（1）打开 SQL Server Management Studio，单击"对象资源管理器"中的"数据库"文件夹下的数据库"学生管理"。

（2）单击工具栏中的"新建查询"按钮，打开"查询编辑器"窗口。

（3）在"查询编辑器"窗口中输入以下代码：

```
DROP TABLE 教师
DROP TABLE 系部
```

（4）单击工具栏中的"执行"按钮，成功删除"教师"表和"系部"表。

（5）创建设置"系部代码"为主键的"系部"表的代码，再单击工具栏中的"执行"按钮。

```
CREATE TABLE 系部
(
    系部代码    int primary key ,
    系部名称    varchar(50) ,
    办公电话    char(11),
    系主任      varchar(20)
)
```

（6）创建"教师"表与"系部"表关联的代码，再单击工具栏中的"执行"按钮。

```
CREATE TABLE 教师
(
    教师编号    int primary key,
    教师姓名    varchar(50) not null,
    性别        char(2) check(性别='男' or 性别='女'),
    职称        varchar(20),
```

```
学历          varchar(20),
学位          varchar(20),
专业          varchar(20),
系部代码      int foreign key references  系部(系部代码)
)
```

3.3.4 知识总结

数据库中的表如果不需要了，会占用空间，则需要把表删除。

删除一个表的时候，表中的数据、表的结构及与表有关的所有对象都被删除，但是不能删除系统表和有外键约束引用的主表。

删除表使用 DROP TABLE 语句，语法格式为：

DROP TABLE 表名

【例 3-18】删除数据库"学生管理"中的"辅导员评价"表。

（1）打开"查询编辑器"窗口。

（2）输入代码：

DROP TABLE 辅导员评价

（3）单击工具栏中的"执行"按钮。

3.3.5 应用实践

在数据库"销售"中，表 3-20 中发现了很多问题，"价格"字段的数据类型应该为 money，添加"保质期"字段，默认值为 30，设置"商品 ID"字段为主键。为此，把"商品"表删除，然后再创建合适的"商品"表。

（1）单击工具栏中的"新建查询"按钮，打开"查询编辑器"窗口。

（2）在"销售"数据库中，在"查询编辑器"窗口中输入以下代码：

DROP TABLE 商品

（3）单击工具栏中的"执行"按钮，成功删除"商品"表。

（4）创建"商品"表，命令如下：

```
CREATE TABLE 商品
(
    商品ID       int,
    名称         varchar(50),
    价格         int ,
    产品描述     text,
    生产日期     datetime,
)
```

执行成功后，发现"商品"表的字段"价格"数据类型有误，需要通过修改表的方式修改表中字段的数据类型，命令如下：

ALTER TABLE 商品 alter column 价格 money

发现需要为"商品"表添加字段"保质期"，定时查看商品是否在保质期内，命令如下：

ALTER TABLE 商品 add 保质期 int

为了识别每一行，需要为"商品"表添加主键约束，由于主键约束要求不能为空，首先要设置"商品 ID"字段的约束为非空约束，命令如下：

ALTER TABLE 商品 alter column 商品ID int not null

然后再为"商品 ID"字段添加主键约束，命令如下：

ALTER TABLE 商品 add primary key(商品 ID)

商品的保质期一般为 30 天，为"保质期"字段设置默认约束的命令如下：

ALTER TABLE 商品 add default 30 for 保质期

单元小结

1．常用的数据类型。

2．创建表的命令。

3．在创建表的时候创建非空约束、主键约束、外键约束、唯一约束、非空约束、默认约束。

4．修改表的命令，通过修改表可以添加表的一列、删除一列、修改一列的数据类型，可以添加约束、删除约束。

5．删除表的命令。

习题三

1．在"学生管理"数据库中创建"授课"表，主键为教师编号、班级代码和课程编号的组合。

"授课"表

字段名称	数据类型	是否允许 NULL 值	约束
教师编号	int	否	外键
班级代码	int	否	外键
课程编号	int	否	外键

2．请参照 1.2.5 节中销售业务系统的关系模式，使用命令创建"供应商"表和"商品类型"表。

"供应商"表

字段名称	数据类型	是否允许 NULL 值	约束
供应商 ID	varchar(50)	否	主键
名称	varchar(50)	否	唯一
地址	varchar(100)	是	
邮编	varchar(10)	是	
电话	char(11)	否	
信用状态	varchar(20)	是	

"商品类型"表

字段名称	数据类型	是否允许 NULL 值	约束
类别 ID	varchar(50)	否	主键
类别名称	varchar(50)	否	唯一
描述	text	是	

3. 请在 3.3.5 节"商品"表的基础上，通过两种方式为该表添加一列，列名为"类别ID"，列的数据类型为 varchar(50)，设置该字段为外键约束，关联表"商品类型"的"类别ID"字段。

"商品"表

字段名称	数据类型	是否允许 NULL 值	约束
商品 ID	int	否	主键
名称	varchar(50)	是	
价格	money	是	
产品描述	text	是	
生产日期	datetime	是	
保质期	int	是	默认为 30
类别 ID	varchar(50)	否	外键

4. 请按照以下结构表，使用命令创建"顾客"表。并使用命令设置"联系方式"字段为唯一约束，设置 "积分"字段的默认值为 0。

"顾客"表

字段名称	数据类型	是否允许 NULL 值	约束
顾客 ID	varchar(50)	否	主键
姓名	varchar(50)	否	
性别	char(2)	否	取值范围：男，女
年龄	int	是	
职业	varchar(50)	是	
联系方式	char(11)	否	唯一
地址	varchar(100)	是	
办卡时间	datetime	是	
积分	int	是	默认为 0

5. 请参照 1.2.5 节中销售业务系统的关系模式，使用命令创建"进货"表。

"进货"表

字段名称	数据类型	是否允许 NULL 值	约束
供应商 ID	varchar(50)	否	主键，外键

字段名称	数据类型	是否允许 NULL 值	约束
商品 ID	int	否	主键，外键
进货时间	datetime	是	
进货单价	money	是	
进货数量	int	是	

6. 请按照以下结构表使用命令创建"销售"表，创建好后使用命令设置主键为"顾客 ID"字段和"商品 ID"字段的组合。

"销售"表

字段名称	数据类型	是否允许 NULL 值	约束
顾客 ID	varchar(50)	否	外键
商品 ID	int	否	外键
数量	int	是	
总价	money	是	
销售时间	datetime	是	

单元四　管理数据库表中的数据

学习目标

- 插入数据命令 INSERT 语句的格式
- 更新数据命令 UPDATE 语句的格式
- 删除数据命令 DELETE 语句的格式

任务 4.1　存储数据

4.1.1　情景描述

学生管理数据库用来存放具体数据的表创建好后，就可以在表中存储数据了。如果一张表建立好后没有任何数据，那它只是一个空的表结构，不能起到任何实际作用。学生管理系统数据库的开发人员需要把课程有关信息添加到"课程"表中，添加了信息后才可以根据应用系统的需要对课程信息进行操作。

4.1.2　问题分析

为此开发人员需要完成以下任务：

（1）根据"课程"表的结构设计表的有关数据，如表 4-1 所示。

（2）使用插入数据的命令来完成记录的存储，并在 SQL Server 2008 上执行。

表 4-1　"课程"表的数据

课程编号	课程名称	课程性质	学分	开课学期	课程分类
1	数据结构	专业必修课	4	第三学期	专业拓展
2	C 语言程序设计	专业必修课	5	第一学期	专业拓展
3	公共英语	公共必修课	4	第一学期	素质拓展
4	软件工程	专业选修课	3	第二学期	专业拓展
5	经济学	公共选修课	2	第四学期	技能拓展
6	网页设计	专业必修课	3	第五学期	专业拓展

4.1.3　解决方案

（1）打开 SQL Server Management Studio，单击"对象资源管理器"中的"数据库"文件夹下的数据库"学生管理"。

（2）单击工具栏中的"新建查询"按钮，打开"查询编辑器"窗口。

（3）在"查询编辑器"窗口中输入以下代码：

INSERT INTO　课程
VALUES(1,'数据结构','专业必修课',4,'第三学期','专业拓展')

INSERT INTO　课程
VALUES(2,'C 语言程序设计','专业必修课',5,'第一学期','专业拓展')

INSERT INTO　课程
VALUES(3,'公共英语','公共必修课',4,'第一学期','素质拓展')

INSERT INTO　课程
VALUES(4,'软件工程','专业选修课',3,'第二学期','专业拓展')

INSERT INTO　课程(课程编号,课程名称,课程性质,课程分类,学分,开课学期)
VALUES(5,'经济学','公共选修课','技能拓展',2,'第四学期')

INSERT INTO　课程(课程编号,课程分类,课程名称,学分,开课学期,课程性质)
VALUES(6,'专业拓展','网页设计',4,'第五学期','专业必修课')

（4）单击工具栏中的"执行"按钮，运行结果如图 4-1 所示。

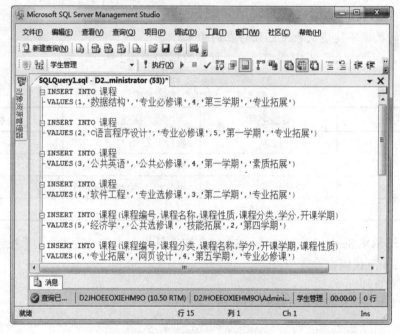

图 4-1　"课程"表插入记录

4.1.4　知识总结

作为数据库开发人员，在维护数据的时候经常需要插入记录，在表中存储数据的最小单位是行，可以使用 INSERT INTO…VALUES 命令一次插入一行记录，也可以使用 INSERT SELECT 命令一次插入多行记录，还可以使用 SELECT…INTO…命令把查询到的数据存储到新表中。

1. 使用 INSERT INTO…VALUES 命令存储数据

语法规则如下：

```
INSERT   INTO 表名 (列名的列表)
VALUES   (表达式的列表)
```

参数说明：

- 表名：用于指定用来存储数据的表的名称。
- 列名的列表：要在其中插入数据的表中的一列或多列的列表，多列之间用逗号分隔。参数如果省略，则表示表中的所有列都要插入数据。
- 表达式的列表：要插入的数据值的列表。

注意：

① 对于指定了参数"列名的列表"中的每个列都必须有一个数据值与之相对应，表达式的顺序和指定的列名的顺序要一致；如果没有指定参数"列名的列表"，表达式的顺序与表中列的顺序一致，必须包含表中每列的值。即表达式列表的数量和表达式值的数据类型以及顺序必须与表中或列名的列表中的一致。

② 表中可以为空的字段在"列名的列表"参数中不必指出，那么在表达式中也可以不用输入对应的值。

③ 关键字 INTO 可以省略。

④ 存储的数据不能违反表中已经存在的约束。

【例 4-1】在"专业"表中添加记录，具体数据如表 4-2 所示。

表 4-2   "专业"表的数据

专业代码	专业名称	描述	状态
1	软件技术	软件开发相关	1
2	网络技术	通信、网络安全相关	1
3	硬件技术	单片机、嵌入式相关	1
4	信息管理技术		1

（1）打开 SQL Server Management Studio，在工具栏中单击"新建查询"按钮，打开 SQL 编辑器，编写如下代码：

```
INSERT INTO 专业
VALUES(1,'软件技术','软件开发相关','1')

INSERT INTO 专业(专业代码,专业名称,描述,状态)
VALUES(2,'网络技术','通信、网络安全相关','1')

INSERT INTO 专业(专业名称,描述,专业代码,状态)
VALUES('硬件技术','单片机、嵌入式相关',3,'1')

INSERT INTO 专业(专业名称,专业代码,状态)
VALUES('信息管理技术',4,'1')
```

（2）单击工具栏中的"执行"按钮，运行结果如图 4-2 所示。

图 4-2　"专业"表插入记录

说明:

① 专业代码为"1"的记录的添加省略了"列名的列表"参数,VALUES 值的顺序和表中字段的顺序一致。

② 专业代码为"2"和"3"的记录的添加指定了"列名的列表"参数,VALUES 值的顺序和指定的"列名的列表"参数的顺序一致。

③ 专业代码为"4"的记录的添加,"描述"字段为空,在"列名的列表"参数中不指定"描述"字段,VALUES 值中也没有该字段对应的值,VALUES 值中的个数、顺序和数据类型与"列名的列表"参数一致。

【例 4-2】在"班级"表中添加记录,具体数据如表 4-3 所示。

表 4-3　"班级"表的数据

班级代码	班级名称	专业代码	所属年级	班主任	描述
1	计算机 1201	1	2012 级	李秋	软件开发
2	计算机 1202	2	2012 级	罗莉	网络安全
3	计算机 1301	1	2013 级	刘亚	软件开发
4	计算机 1302	2	2013 级	罗莉	网络安全
5	计算机 1303	3	2013 级	刘伟	嵌入式
6	计算机 1401	3	2014 级	刘伟	嵌入式
7	计算机 1402	4	2014 级	罗莉	信息管理

（1）打开 SQL Server Management Studio，在工具栏中单击"新建查询"按钮，打开 SQL编辑器，编写如下代码:

```
INSERT INTO 班级
VALUES(1,'计算机',1,'2012 级','李秋','软件开发')
```

INSERT INTO 班级
VALUES(2,'计算机',2,'2012 级','罗莉','网络安全')

INSERT INTO 班级
VALUES(3,'计算机',1,'2013 级','刘亚','软件开发')

INSERT INTO 班级
VALUES(3,'计算机',2,'2013 级','罗莉','网络安全')

INSERT INTO 班级
VALUES(5,'计算机',3,'2013 级','刘伟','嵌入式')

INSERT INTO 班级(班主任,班级代码,班级名称,描述,专业代码,所属年级)
VALUES('刘真',6,'计算机','嵌入式',3,'2014 级')

INSERT INTO 班级(班级代码,班级名称,专业代码,所属年级)
VALUES(7,'计算机',4,'2014 级')

（2）单击工具栏中的"执行"按钮，运行结果如图 4-3 所示。

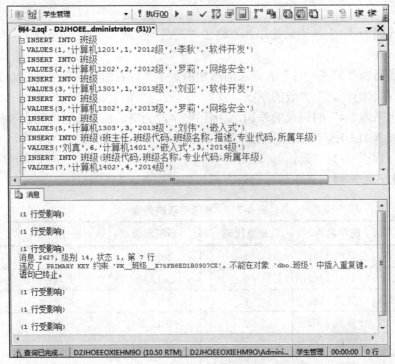

图 4-3 "班级"表插入记录

说明：

① 前 3 条记录和第 5 条记录省略了表中的字段列表，VALUES 值的顺序和表中的顺序、个数、数据类型都一致。

② 第 4 条记录的"班级代码"字段和第 3 条记录的重复，违反了主键约束，所以不能正确地存储数据。

③ 第 6 条和第 7 条记录指明了表中的字段列表，VALUES 值的顺序和指定的顺序、个数、数据类型一致。

④ 在第 7 条记录中，表中字段列表中省略了"描述"字段和"班主任"字段，存储的数据这两个字段的值也为空，可以通过更新记录的方式增加这两个字段的值，会在后面介绍。

【例 4-3】在"学生"表中添加记录，具体数据如表 4-4 所示。

表 4-4 "学生"表的数据

学号	姓名	性别	出生日期	个人联系电话	政治面貌	身份证号	家庭联系电话	家庭联系地址	班级编号
1	王思旭	男	1993-03-15	13102315610	中共党员	511428199503157896	67896523	沙坪坝	1
2	陈芳	女	1994-02-26	13302315611	中共党员	511428199402268965	67451478	万州	1
3	赵建	男	1992-12-01	13202315612	团员	622215199212015623	68541234	江津	1
4	郭燕	女	1997-10-21	13102315613	中共党员	778945199710212121	69874562	渝中区	2
5	吴勇	男	1996-06-10	13502315614	团员	321123199606102563	69874512	渝北区	2
6	李姗姗	女	1995-03-19	13602315615	团员	222145199503198745	69563212	北碚区	2
7	陈涛	男	1994-04-01	13056612366	团员	255541199404015631	67523102	大足	2
8	王莲	女	1997-01-10	13056612367	中共党员	522456199701104510	63214568	万州	3
9	王婷婷	女	1993-07-08	13056612368	团员	533132199307085232	66541201	江津	5
10	赵伟	男	1996-09-06	15569845699	团员	622178199609063216	63215123	沙坪坝	5
11	陈青青	女	1996-11-21	15569845698	团员	521342199611215211	63212302	渝中区	7
12	赵丹	女	1995-12-12	15569845696	团员	311125199512125632	63232020	江北区	7

（1）打开 SQL Server Management Studio，在工具栏中单击"新建查询"按钮，打开 SQL 编辑器，编写如下代码：

```
INSERT INTO  学生
VALUES(1,'王思旭','男','1993-03-15','13102315610','中共党员','511428199503157896',
'67896523','沙坪坝',1)

INSERT INTO  学生
VALUES(2,'陈芳','女','1994-02-26','13102315610','中共党员','511428199402268965',
'67451478', '万州',1)

INSERT INTO  学生
VALUES(3,'赵建','男','1992-12-01','13202315612','团员','622215199212015623','68541234',
'江津',8)

INSERT INTO  学生
VALUES(4,'郭燕','女','1997-10-21','13102315613','中共党员','778945199710212121',
'69874562','渝中区',2)

INSERT INTO  学生
VALUES(5,'吴勇','男','1996-06-10','13502315614','团员','321123199606102563','69874512','渝北区',2)
```

```
INSERT INTO 学生
VALUES(6,'李姗姗','女','1995-03-19','13602315615','团员','222145199503198745',
'69563212','北碚区',2)

INSERT INTO 学生
VALUES(7,'陈涛','男','1994-04-01','13056612366','团员','255541199404015631','67523102','大足',2)

INSERT INTO 学生
VALUES(8,'王莲','女','1997-01-10','13056612367','中共党员','522456199701104510',
'63214568','万州',3)

INSERT INTO 学生
VALUES(9,'王婷婷','女','1993-07-08','13056612368','团员','533132199307085232',
'66541201','江津',5)

INSERT INTO 学生
VALUES(10,'赵伟','男','1996-09-06','15569845699','团员','622178199609063216',
'63215123','沙坪坝',5)

INSERT INTO 学生
VALUES(11,'陈青青','女','1996-11-21','15569845698','团员','521342199611215211',
'63212302','渝中区',7)

INSERT INTO 学生
VALUES(12,'赵丹','女','1995-12-12','15569845696','团员','311125199512125632',
'63232020','江北区',7)
```

（2）单击工具栏中的"执行"按钮，运行结果如图 4-4 所示。

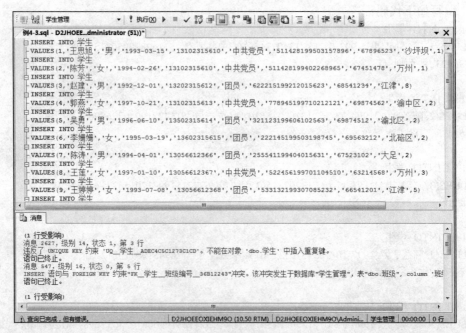

图 4-4 "学生"表插入记录

说明：

① 第 2 条记录和第 1 条记录的"个人联系电话"字段重复，违反了表中定义的唯一约束，不能正确保存第 2 条数据。

② 第 3 条记录的最后一个字段"班级编号"为外键，取值为 8，参考引用"班级"表的"班级代码"字段，而"班级"表中没有班级代码为 8 的记录，所以违反了外键约束，记录也不能正确保存。

【例 4-4】在"选课"表中添加记录，具体数据如表 4-5 所示。

表 4-5　"选课"表的数据

学号	课程编号	成绩
1	1	90
1	2	0
8	1	0
8	3	95
8	4	88
9	1	45
9	5	82
4	5	65
4	4	49
5	1	73
6	2	51
6	3	86
7	2	70

（1）打开 SQL Server Management Studio，在工具栏中单击"新建查询"按钮，打开 SQL 编辑器，编写如下代码：

```
INSERT INTO 选课    VALUES(1,1,90)
INSERT INTO 选课    VALUES(1,2,DEFAULT)
INSERT INTO 选课    VALUES(8,1,DEFAULT)
INSERT INTO 选课    VALUES(8,3,95)
INSERT INTO 选课    VALUES(8,4,88)
INSERT INTO 选课    VALUES(9,1,45)
INSERT INTO 选课    VALUES(9,5,82)
INSERT INTO 选课    VALUES(4,5,65)
INSERT INTO 选课    VALUES(4,4,49)
INSERT INTO 选课    VALUES(5,1,73)
INSERT INTO 选课    VALUES(6,2,51)
INSERT INTO 选课    VALUES(6,3,86)
INSERT INTO 选课    VALUES(7,2,70)
```

（2）单击工具栏中的"执行"按钮，运行结果如图 4-5 所示。

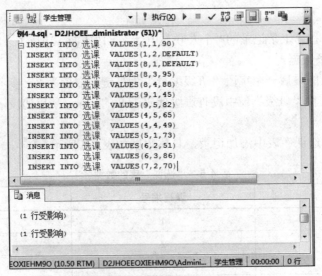

图 4-5   "选课"表插入记录

说明：第 2 条和第 3 条记录，"成绩"字段取值为 DEFAULT，存储的是在"选课"表中为"成绩"字段设置的默认值。

2. 使用 INSERT INTO…SELECT 命令把已经存在的表中的数据存储到另外一个表中

语法规则如下：

```
INSERT    表名 1
SELECT    字段列表
FROM      表名 2
WHERE     条件表达式
```

参数说明：

● 表名 1：用于指定用来存储数据的表的名称。

● 字段列表：查询结果的字段的列表。

● 表名 2：查询数据所在的源表。

● 条件表达式：查询结果限定行的条件。

注意：参数"字段列表"的数据类型、顺序、个数要和表名 1 中的字段的一致。

【例 4-5】在"学生管理"数据库下创建"学生备份"表，表结构如表 4-6 所示，把"学生"表中女生的相关信息存储在"学生备份"表中。

表 4-6   "学生备份"表

字段名称	数据类型	是否允许 NULL 值	约束
学号	int	否	主键
姓名	varchar(50)	否	
性别	char(2)	否	
出生日期	datetime	是	
个人联系电话	char(11)	是	唯一约束

（1）打开 SQL Server Management Studio，在工具栏中单击"新建查询"按钮，打开 SQL 编辑器，编写如下代码：

```
CREATE TABLE 学生备份
(
    学号              int   primary key,
    姓名              varchar(50) not null,
    性别              char(2) not null,
    出生日期           datetime,
    个人联系电话       char(11) unique
)
```

（2）单击工具栏中的"执行"按钮，刷新"对象资源管理器"中的"数据库"文件夹下的"学生管理"，展开"学生管理"数据库下的表，可以看到"学生备份"表创建完成。

（3）在"查询编辑器"窗口中输入以下代码：

```
INSERT 学生备份
SELECT 学号,姓名,性别,出生日期,个人联系电话
FROM 学生
WHERE 性别='女'
```

（4）单击工具栏中的"执行"按钮，运行结果如图4-6所示。

图4-6　"学生备份"表插入记录

说明：SELECT 语句后面的字段的数据类型、个数、顺序和表"学生备份"中的完全一致。

3．使用 SELECT…INTO…命令存储数据

语法规则如下：

SELECT　字段列表　INTO 新表名 FROM　表名　WHERE　条件表达式

参数说明：

- 表名：要查询的数据所在的表。
- 字段列表：参数"表名"包含的字段。

- 新表名：把查询出来的记录插入的新表。
- 条件表达式：行的限定条件。

注意：SELECT…INTO…语句的功能是从一个表中选择一些数据插入到新表中，这个新表是执行查询语句的时候创建的，查询语句执行之前是不能预先存在的。

【例4-6】把"选课"表中成绩大于70的记录放入一个新表"选课NEW"。

（1）打开SQL Server Management Studio，在工具栏中单击"新建查询"按钮，打开SQL编辑器，编写如下代码：

```
SELECT  学号,课程编号,成绩
INTO  选课NEW
FROM  选课
WHERE  成绩>70
```

（2）单击工具栏中的"执行"按钮，刷新"对象资源管理器"中的"数据库"文件夹下的"学生管理"，展开"学生管理"数据库下的表，可以看到新创建了一个表"选课NEW"，运行结果如图4-7所示。

图4-7　"选课NEW"表插入记录

说明：在执行命令之前表"选课NEW"在数据库中是不存在的，"选课NEW"表的结构和SELECT后面的字段相同。

4.1.5　应用实践

在"销售"数据库中的"账号"表中存储数据，具体数据如表4-7所示。

（1）打开SQL Server Management Studio，单击"对象资源管理器"中的"数据库"文件夹下的数据库"学生管理"。

（2）单击工具栏中的"新建查询"按钮，打开"查询编辑器"窗口。

表 4-7 "账号"表的数据

用户 ID	密码	用户名	邮件	地址	邮编	电话	状态
1	123456	lanlan	lanlan@163.com	沙坪坝	400000	65231201	启用
2	123123	wanwan	wanwan@163.com	渝中区	400000	63232101	启用
3	123321	chenchen	chenchen@163.com	北碚区	400700	63332325	启用
4		lanping	lanping@163.com	巴南区	401320	65896321	启用
5		manlan	manlan@163.com	江北区	400000	63654120	启用

（3）在"查询编辑器"窗口中输入以下代码：

```
INSERT INTO 账号
VALUES(1,'123456','lanlan','lanlan@163.com','沙坪坝','400000','65231201','启用')
INSERT INTO 账号
VALUES(2,'123123','wanwan','wanwan@163.com','渝中区','400000','63232101','启用')
INSERT INTO 账号
VALUES(3,'123321','chenchen','chenchen@163.com','北碚区','400700','63332325','启用')
INSERT INTO 账号
VALUES(4,DEFAULT,'lanping','lanping@163.com','巴南区','401300','65896321','启用')
INSERT INTO 账号
VALUES(5,DEFAULT,'manlan','manlan@163.com','江北区','400000','63654120','启用')
```

（4）单击工具栏中的"执行"按钮，运行结果如图 4-8 所示。

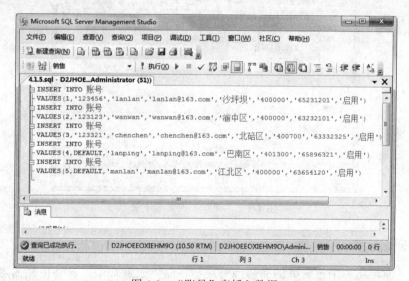

图 4-8 "账号"表插入数据

任务 4.2 更新数据

4.2.1 情景描述

数据库维护人员发现有的课程信息有误，课程编号为 6 的记录，学分应该修改为 4，开课学期为第四学期。因此需要对数据库内原有的数据进行更新来修改错误的记录。

4.2.2　问题分析

为了解决上述问题，需要完成以下任务：

（1）写出更新记录的命令。

（2）在 SQL Server 2008 上执行命令，验证更新后的记录。

4.2.3　解决方案

（1）打开 SQL Server Management Studio，单击"对象资源管理器"中的"数据库"文件夹下的数据库"学生管理"。

（2）单击工具栏中的"新建查询"按钮，打开"查询编辑器"窗口。

（3）在"查询编辑器"窗口中输入以下代码：

```
UPDATE  课程
SET  学分=4,开课学期='第四学期'
WHERE  课程编号=6
```

（4）单击工具栏中的"执行"按钮，运行结果如图 4-9 所示。

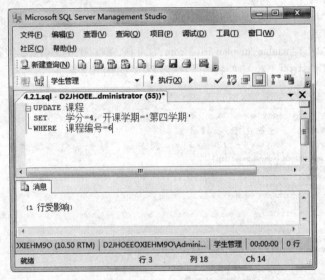

图 4-9　"课程"表更新记录

4.2.4　知识总结

当学生、课程等表中需要维护的数据发生变化时，需要使用更新数据的命令修改表中的数据。

使用 UPDATE 命令来更新数据的语法规则为：

```
UPDATE  表名
SET  列名 1=数据值 1,列名 2=数据值 2,列名 3=数据值 3,…
WHERE  条件表达式
```

参数说明：

● 表名：用于指定需要更新的表的名称。

● 列名 1：要更改数据的列的名称。

● 数据值 1：列更新后的新值，对列赋新值的表达式之间用逗号分隔。

● 条件表达式：指定更新的记录的限定条件

注意：

① 更新后的数据要和字段的数据类型保持一致。

② 更新后的数据不能违反表中创建的约束条件。

③ WHERE 子句指定用于限制修改行的条件，如果省略，则 UPDATE 语句更新表中所有的行。

【例 4-7】"班级"表中，"班级代码"为 6 的记录的"班主任"字段改为"刘伟"。

（1）打开 SQL Server Management Studio，在工具栏中单击"新建查询"按钮，打开 SQL 编辑器，编写如下代码：

```
UPDATE 班级
SET 班主任='刘伟'
WHERE 班级代码=6
```

（2）单击工具栏中的"执行"按钮，运行结果如图 4-10 所示。

图 4-10 "班级"表更新记录

【例 4-8】"课程"表中，"课程编号"为 1 的记录的课程性质改为"专修"。

（1）打开 SQL Server Management Studio，在工具栏中单击"新建查询"按钮，打开 SQL 编辑器，编写如下代码：

```
UPDATE 课程
SET 课程性质='专修'
WHERE 课程编号=1
```

（2）单击工具栏中的"执行"按钮，运行结果如图 4-11 所示，错误提示"消息 547，级别 16，状态 0，第 1 行 UPDATE 语句与 CHECK 约束"CK_课程_课程性质_3D5E1FD2"冲突。该冲突发生于数据库"学生管理"，表"dbo.课程"，column '课程性质' 语句已终止。"

说明：更新后的数据不能违反表中的约束。

图 4-11　"课程"表更新记录

4.2.5　应用实践

在"销售"数据库中的"账号"表中存储的数据需要更改，用户 ID 为 5 的记录的状态改为"停用"。

（1）打开 SQL Server Management Studio，单击"对象资源管理器"中的"数据库"文件夹下的数据库"学生管理"。

（2）单击工具栏中的"新建查询"按钮，打开"查询编辑器"窗口。

（3）在"查询编辑器"窗口中输入以下代码：

```
UPDATE 账号
SET 状态='停用'
WHERE 用户 ID=5
```

（4）单击工具栏中的"执行"按钮，运行结果如图 4-12 所示。

图 4-12　"账号"表更新数据

任务 4.3 删除数据

4.3.1 情景描述

在数据库维护过程中，发现课程表中课程编号为 5 的课程不需要再开设了，则需要删除记录。

4.3.2 问题分析

为了解决上述问题，需要完成以下任务：

（1）根据删除记录的命令写出删除课程编号为 5 的记录。

（2）在 SQL Server 2008 上执行，验证结果。

4.3.3 解决方案

（1）打开 SQL Server Management Studio，单击"对象资源管理器"中的"数据库"文件夹下的数据库"学生管理"。

（2）单击工具栏中的"新建查询"按钮，打开"查询编辑器"窗口。

（3）在"查询编辑器"窗口中输入以下代码：

```
DELETE    课程
WHERE    课程编号=6
```

（4）单击工具栏中的"执行"按钮，运行结果如图 4-13 所示。

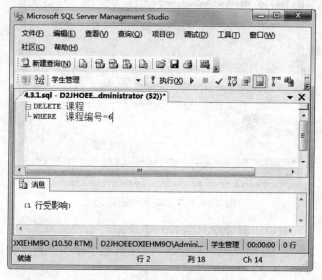

图 4-13 "课程"表删除记录

4.3.4 知识总结

当表中的数据不再需要的时候，为了节约存储空间，需要删除数据，删除数据最小的单位是一行。

使用 DELETE 语句删除数据的语法规则为：

```
DELETE  表名
WHERE  条件表达式
```

参数说明：

● 表名：用于指定要从其中删除行的表的名称。

● 条件表达式：指定删除记录的限定条件。

注意：删除记录要确保没有被其他表引用。例如删除一个学生 A 的记录，要确保在选课表中没有此学生 A 的选课信息；否则，在选课表中还有学生 A 的选课记录，但是把学生 A 的信息从学生表中删除了，导致选课表中的学生 A 的选课记录成为废数据，因为已经不存在的学生是不能选课的。删除的顺序应该是：先在选课表中删除学生 A 的选课记录，再在学生表中删除学生 A 的信息。

【例 4-9】"选课"表中，删除学号为 1 和课程编号为 2 的记录。

（1）打开 SQL Server Management Studio，在工具栏中单击"新建查询"按钮，打开 SQL 编辑器，编写如下代码：

```
DELETE dbo.选课
WHERE  学号=1  AND 课程编号=2
```

（2）单击工具栏中的"执行"按钮，运行结果如图 4-14 所示。

图 4-14 "选课"表删除记录

【例 4-10】"学生"表中，删除学号为 6 的记录。

（1）打开 SQL Server Management Studio，在工具栏中单击"新建查询"按钮，打开 SQL 编辑器，编写如下代码：

```
DELETE  学生
WHERE  学号=6
```

（2）单击工具栏中的"执行"按钮，运行结果如图 4-15 所示，错误提示"消息 547，级别 16，状态 0，第 1 行 DELETE 语句与 REFERENCE 约束"FK_选课_学号_33D4B598"冲突。该冲突发生于数据库"学生管理"，表"dbo.选课"，column '学号' 语句已终止。"

图 4-15 "学生"表删除记录

说明：删除的数据不能被其他表引用，学号为 6 的记录在"选课"表中有选课记录，为了保护数据的完整性，不能删除此记录，删除的顺序应该是：先删除学号为 6 的选课记录，再删除学生的记录。

4.3.5 应用实践

在"销售"数据库中的"账号"表中存储的数据有的不需要了，就要删除记录，以节约存储空间，停用状态的记录不再需要了，用删除记录的命令把这些记录删除。

（1）打开 SQL Server Management Studio，单击"对象资源管理器"中的"数据库"文件夹下的数据库"销售"。

（2）单击工具栏中的"新建查询"按钮，打开"查询编辑器"窗口。

（3）在"查询编辑器"窗口中输入以下代码：

```
DELETE 账号
WHERE 状态='停用'
```

（4）单击工具栏中的"执行"按钮，运行结果如图 4-16 所示。

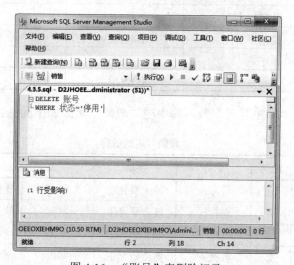

图 4-16 "账号"表删除记录

单元小结

1. 向表中添加记录 INSERT…VALUES 命令。
2. 一次添加多条记录 INSERT…SELECT 命令。
3. 把查询结果存储在新表中 SELECT…INTO 命令。
4. UPDATE 语句的用法。
5. DELETE 语句的用法。

习题四

1. 请使用命令向 "学生管理" 数据库中的 "授课" 表添加下面的数据。

"授课" 表的数据

教师编号	班级代码	课程编号
1	1	1
1	1	2
2	2	1
3	5	3
3	6	3
5	6	4

2. 请使用命令向 "学生管理" 数据库中的 "系部" 表添加下面的数据。

"系部" 表的数据

系部代码	系部名称	办公电话	系主任
1	软件工程系	65431357	王城
2	计算机系	65432468	向玲岚
3	通信系	65431469	
4	电子系	65438453	
5	法学系	65126056	赵刚

3. 请使用命令向 "学生管理" 数据库中的 "教师" 表添加下面的数据。

"教师" 表的数据

教师编号	教师姓名	性别	职称	学历	学位	专业	系部代码
1	李丽萍	女	讲师	硕士研究生	硕士	软件技术	1
2	王城	男	副教授	博士研究生	博士	软件技术	1
3	杨舟	男	讲师	硕士研究生	硕士	硬件技术	2
4	向玲岚	女	教授	博士研究生	博士	网络技术	2
5	刘金川	男	助教	硕士研究生	硕士	信息管理技术	3

教师编号	教师姓名	性别	职称	学历	学位	专业	系部代码
6	李芳菲	女	副教授	硕士研究生	硕士	网络技术	3
7	王芸芸	女	讲师	硕士研究生	硕士	硬件技术	4
8	陈建新	男	副教授	博士研究生	博士	网络技术	4
9	赵乐丹	女	助教	硕士研究生	硕士	软件技术	
10	王立	男	教授	博士研究生	博士	信息管理技术	

4．请使用命令向"学生管理"数据库中的"辅导员评语"表添加下面的数据。

"辅导员评语"表的数据

评价代码	学号	学期	评价寄语
1	3	第一学期	该生本学期总体表现良好，请继续努力
2	5	第一学期	该生本学期总体表现优秀，请保持
3	8	第二学期	该生本学期总体表现良好，请继续努力
4	10	第二学期	该生本学期总体表现中等，请继续努力

5．请使用命令向销售业务系统的"销售"数据库中的"商品类型"表添加下面的数据。

"商品类型"表的数据

类别 ID	类别名称	描述
1	服装	包括男装、女装、童装
2	电器	
3	食品	包括生鲜食品、熟食、袋装食品等
4	生活用品	

6．（1）请使用命令向销售业务系统的"销售"数据库中的"商品"表添加下面的数据。

"商品"表的数据

商品 ID	名称	价格	产品描述	生产日期	保质期	类别 ID
1	连衣裙 ab12	220	女装	2014-05-10 11:00:00	1000	1
2	海尔 tv180	1800	电视机	2014-02-15 10:00:00	1000	2
3	奥利奥饼干	4.5		2014-06-17 14:05:00	365	3
4	茶花垃圾桶	18.3		2014-04-08 15:00:00	600	4
5	LG 洗衣机 w211	2810	洗衣机	2013-12-20 12:00:00		2
6	女童短袖	55	童装		1000	
7	女童长裤	78	童装	2012-12-10 12:00:00	260	1
8	泡椒凤爪	10	食品	2014-01-02 15:00:00	60	3

（2）添加以上数据时数据库出现错误提示，请自己分析原因，并将数据完善后重新添加进去。

（3）请找到该表"商品 ID"为 5 的记录，将"保质期"字段的值改为 1000。

7.（1）请使用命令向销售业务系统的"销售"数据库中的"供应商"表添加下面的数据。

"供应商"表的数据

供应商 ID	名称	地址	邮编	电话	信用状态
1	重庆渝州服装厂	重庆渝中区	400021	62349999	1 级
2	海尔电器	山东青岛		18923450777	1 级
3	重庆立康食品厂	重庆江北区	400000	65105666	2 级
4	四川振宏塑料厂	四川成都		13882580011	1 级
5	重庆小小食品公司	重庆北碚		67891200	

（2）请使用命令将该表内"信用状态"字段值为空的记录删除。

8.（1）请使用命令向销售业务系统的"销售"数据库中的"顾客"表添加下面的数据。

"顾客"表的数据

顾客 ID	姓名	性别	年龄	职业	联系方式	地址	办卡时间	积分
1	王兰	女	24		15388277910	重庆江北区	2012-5-10 11:00:00	1220
2	吴洪波	男	18	学生	13981123407			
3	李莹	女	35		18900236719		2013-6-17 14:25:00	650
4	张心爱	女			13640023578	重庆沙坪坝	2012-7-8 15:00:00	788
5	刘建军	男	40	职员	13865379005	重庆大学城	2014-6-20 11:30:00	1800

（2）把"顾客"表中"积分"大于等于 1000 的记录中的"顾客 ID"、"姓名"、"积分"字段放入一个新表"顾客 VIP"。

（3）删除"顾客 VIP"表。

9.（1）请使用命令向销售业务系统的"销售"数据库中的"进货"表添加下面的数据。

"进货"表的数据

供应商 ID	商品 ID	进货时间	进货单价	进货数量
1	1	2014-6-30 10:00:00	196	12
2	2	2014-1-30 10:00:00	1680	20
3	3	2014-7-10 10:00:00	3.7	60
4	4		16	15
5	6	2014-6-30 10:00:00	40	30

（2）添加以上数据时数据库出现错误提示，请自己分析原因，并将数据修改后重新添加进去。

10.（1）请使用命令向销售业务系统的"销售"数据库中的"销售"表添加下面的数据。

"销售"表的数据

顾客 ID	商品 ID	数量	总价	销售时间
1	1	1	220	2014-7-3 12:00:00
2	3	2	9	
3	6	1	55	2014-7-15 14:00:00
4	4	10	183	2014-4-30 11:00:00
5	2	1	1800	2014-3-15 11:00:00

（2）请编写命令，在"商品"表中删除"商品 ID"为 6 的记录。如果不能删除，请分析原因。

单元五 简单查询

● 查询指定列
● 查询满足条件的行
● 使用函数查询数据
● 对结果集排序
● 分组

任务5.1 查询指定列

5.1.1 情景描述

学生信息管理系统里存储了各类信息和记录,比如"学生"表里包含了学生的学号、姓名、性别、出生日期、个人联系电话、政治面貌、身份证号、家庭联系电话、家庭联系地址、班级编号多个字段的值。在某些功能中,开发团队只对其中部分信息感兴趣,比如只需要显示学生的学号、姓名、性别、出生日期字段,并把这部分信息的格式确定为"StudentID,StudentName,Sex,Birthday"。在这种情况下,意味着需要在原有的"学生"表中查询出刚才我们所指定的字段。

5.1.2 问题分析

作为数据库的开发人员,经常需要通过对数据表进行查询操作来获得自己想要的值。对于不同的情况,需要获取、显示的字段也会不同,那么需要按照系统的需求查询特定的字段,并对查询后得到的结果集的列名进行定制。

5.1.3 解决方案

(1)打开 SQL Server Management Studio,单击"对象资源管理器"中的"数据库"文件夹下的数据库"学生管理"。

(2)单击工具栏中的"新建查询"按钮,打开"查询编辑器"窗口。

(3)在"查询编辑器"窗口中输入以下代码:

```
SELECT 学号 as 'StudentID',姓名 as 'StudentName',
       性别 as 'Sex' , 出生日期 as 'Birthday'
FROM 学生
```

(4)单击工具栏中的"执行"按钮,运行结果如图5-1所示。

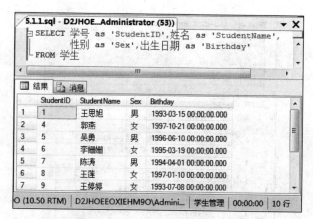

图 5-1 查询"学生"表指定字段

5.1.4 知识总结

创建数据库和表的主要目的是存储、查询和管理数据，能够实现查询是数据库的重要功能之一，也是最常用的数据操作。查询数据用 SELECT 语句实现。SELECT 语句是数据库系统使用最为频繁的语句，几乎可以满足任何形式的数据查询要求，最基本的 SELECT 语句仅有两个部分：要查询的列和这些列所在的表。

使用 SELECT 语句查询指定列的语法规则为：

```
SELECT    字段列表
FROM      表名
```

参数说明：

- 字段列表：指定由查询返回的列，中间用逗号分隔。
- 表名：用于指定输出数据的来源表名。

注意：

① 如果要查询表中所有的列，可以写出表中的全部列名，也可以用星号（*）代替字段列表参数。

② 字段列表也可以是计算得到的列。

③ 字段列表的显示结果集可以重新定制列名。

1. 查询表中的指定列

【例 5-1】查询"专业"表中的所有数据。

（1）打开 SQL Server Management Studio，在工具栏中单击"新建查询"按钮，打开 SQL 编辑器，编写如下代码：

```
SELECT  专业代码,专业名称,描述,状态
FROM  专业


SELECT *
FROM  专业
```

（2）单击工具栏中的"执行"按钮，运行结果如图 5-2 所示。

说明：两条 SELECT 语句执行的结果相同，第一条语句在 SELECT 命令后面指出查询的所有列，第二条语句用星号（*）表示查询的所有列。

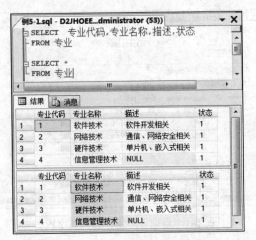

图 5-2 查询"专业"表所有字段

【例 5-2】显示"专业"表的专业代码和专业名称信息。

（1）打开 SQL Server Management Studio，在工具栏中单击"新建查询"按钮，打开 SQL 编辑器，编写如下代码：

```
SELECT  专业代码,专业名称
FROM 专业
```

（2）单击工具栏中的"执行"按钮，运行结果如图 5-3 所示。

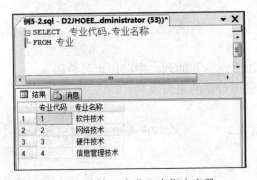

图 5-3 查询"专业"表指定字段

2．定制列名

从图 5-3 中可以看出，查询结果的列名和数据库中表的字段名是相同的，在实际查询中，可以根据实际情况灵活显示查询结果，特别是当数据库表中的字段名为英文的时候，作为查询结果的字段名不太容易理解，就更需要对查询结果的列名进行更改。

对查询结果的列重新命名有 3 种方式：

```
SELECT 列名1  AS  新列名1,列名2  AS  新列名2,...
FROM  表名


SELECT 列名1  新列名1,列名2  新列名2,...
FROM  表名


SELECT 新列名1=列名1,新列名2=列名2,...
FROM  表名
```

参数说明:
- 列名 1、列名 2: 表中的原始列名。
- 新列名 1、新列名 2: 查询结果显示的新字段名。

【例 5-3】显示"专业"表的专业代码、专业名称信息,查询结果分别使用 ProfessionalCode 和 ProfessionalName 显示。

(1) 打开 SQL Server Management Studio,在工具栏中单击"新建查询"按钮,打开 SQL 编辑器,编写如下代码:

```
SELECT    专业代码  AS   'ProfessionalCode',专业名称  AS   'ProfessionalName'
FROM      专业
SELECT    专业代码    'ProfessionalCode',专业名称    'ProfessionalName'
FROM      专业
SELECT    'ProfessionalCode'=专业代码, 'ProfessionalName'=专业名称
FROM      专业
```

(2) 单击工具栏中的"执行"按钮,运行结果如图 5-4 所示。

图 5-4　定制"专业"表查询出的列名

说明:三条 SELECT 语句执行的结果是一样的,第二条 SELECT 语句与第一条语句相比,语句省略了 AS 关键字。

3. 使用计算列

在查询数据的时候,有时需要对查询结果进行计算,SELECT 语句在查询的时候对数据进行计算。在对查询结果进行计算的时候,可以使用算术运算符(+、-、*、/、%等),也可以使用逻辑运算符(AND、OR、NOT)和字符串连接符(+)。

【例 5-4】显示"选课"表的学号、课程编号、成绩、成绩的 90%。

(1) 打开 SQL Server Management Studio,在工具栏中单击"新建查询"按钮,打开 SQL 编辑器,编写如下代码:

```
SELECT   学号, 课程编号, 成绩, 成绩*0.9
FROM     选课


SELECT   学号, 课程编号, 成绩, 成绩*0.9 AS  新成绩
```

FROM　　选课

（2）单击工具栏中的"执行"按钮，运行结果如图 5-5 所示。

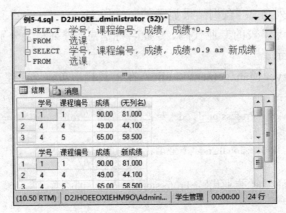

图 5-5　查询"选课"表指定字段并进行计算

说明：第一条语句的查询结果的最后一列是计算得到的列，显示"无列名"，需要用第二条语句的定制列名的方法来为计算得到的结果命名。

【例 5-5】把"班级"表的字段"班级名称"、字符串常量"的班主任是"和字段"班主任"连成一句话。

（1）打开 SQL Server Management Studio，在工具栏中单击"新建查询"按钮，打开 SQL 编辑器，编写如下代码：

```
SELECT  班级名称+'的班主任是'+班主任
FROM 班级
```

（2）单击工具栏中的"执行"按钮，运行结果如图 5-6 所示。

图 5-6　连接"班级"表的查询结果

5.1.5 应用实践

查询"销售"数据库下的"账号"表，显示用户 ID、密码、用户名、邮件、状态字段，结果集格式为"ID，Password，UserName，Email，Status"。

（1）打开 SQL Server Management Studio，单击"对象资源管理器"中的"数据库"文件夹下的数据库"销售"。

（2）单击工具栏中的"新建查询"按钮，打开"查询编辑器"窗口。

（3）在"查询编辑器"窗口中输入以下代码：

SELECT　用户ID 'ID', 密码 'Password',用户名 'UserName',邮件 'Email',状态 'Status'
FROM　账号

（4）单击工具栏中的"执行"按钮，运行结果如图 5-7 所示。

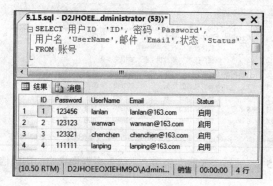

图 5-7　定制"账号"表查询出的列名

任务 5.2　查询指定行

5.2.1　情景描述

根据用户需求，开发团队想要显示学生信息管理系统中"软件技术"专业和"硬件技术"专业的班级组成，需要通过查询命令完成。由于数据库内并没有一张表既包含专业名称又包含班级信息，所以应该考虑当前的操作需要涉及到两个及两个以上的表。首先应该查询出"软件技术"专业和"硬件技术"专业的专业代码，然后再根据专业代码查找这两个专业代码对应的班级信息。

5.2.2　问题分析

为了解决上述问题，需要完成以下任务：
（1）根据已知的专业名称查找"专业"表中对应的专业代码。
（2）根据找到的专业代码在"班级"表中查找这些专业代码对应的班级信息。

5.2.3　解决方案

（1）打开 SQL Server Management Studio，单击"对象资源管理器"中的"数据库"文件夹下的数据库"学生管理"。
（2）单击工具栏中的"新建查询"按钮，打开"查询编辑器"窗口。
（3）在"查询编辑器"窗口中输入以下代码：

SELECT * FROM 专业
WHERE 专业名称 IN('软件技术','硬件技术')

根据运行结果可知专业代码为 1、3。在"查询编辑器"窗口中再输入以下代码：

SELECT * FROM 班级
WHERE 专业代码 =1　OR 专业代码=3

（4）单击工具栏中的"执行"按钮，运行结果如图 5-8 所示。

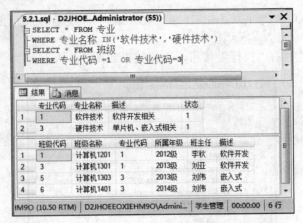

图 5-8   通过"专业"表和"班级"表查询指定的班级信息

5.2.4   知识总结

1. 查询前几条记录

有的时候一个表中的数据量很大，只需要显示这些记录中的前几条记录，可以使用 TOP 关键字限制显示的行数，语法规则为：

```
SELECT   TOP   n   PERCENT   字段列表
FROM   表名
```

参数说明：

- TOP   n   PERCENT：返回结果集的前百分之 n 条记录。
- TOP   n：若 PERCENT 省略，则返回前 n 条记录。

注意：如果 TOP 后的数值 n 大于结果集的总行数，则显示所有行。

【例 5-6】查询"学生"表的前百分之 15、前 3 条、前 15 条记录。

（1）打开 SQL Server Management Studio，在工具栏中单击"新建查询"按钮，打开 SQL 编辑器，编写如下代码：

```
select   TOP   15 PERCENT *   FROM   学生
select   TOP   3 *            FROM   学生
select   TOP   15 *           FROM   学生
```

（2）单击工具栏中的"执行"按钮，运行结果如图 5-9 所示。

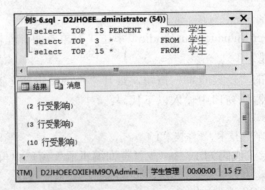

图 5-9   "学生"表 TOP 查询结果

说明："学生"表中的记录一共有 10 条，前百分之 15 显示的结果为 2 行，运算结果向上取整；前 3 条则显示的确定值是 3 行；前 15 条比表中的记录还多，则显示表中的 10 行记录。

2. 去掉重复的记录

查询结果如果有很多重复的记录，就没有必要全部显示，重复记录只需要保留一条即可。使用 DISTINCT 关键字去除重复记录的语法规则为：

SELECT　DISTINCT　字段列表
FROM　表名

【例 5-7】查询"课程"表的课程性质。

（1）打开 SQL Server Management Studio，在工具栏中单击"新建查询"按钮，打开 SQL 编辑器，编写如下代码：

SELECT 课程性质 FROM 课程
SELECT DISTINCT 课程性质 FROM 课程

（2）单击工具栏中的"执行"按钮，运行结果如图 5-10 所示。

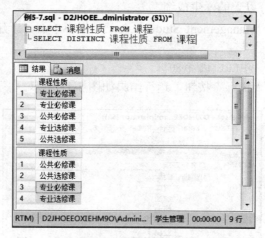

图 5-10　"课程"表去除重复记录的查询结果

说明：第一条查询命令显示的结果第 1 行和第 2 行重复，有重复的行，5 条结果集；第二条查询命令使用 DISTINCT 去除了重复的行，有 4 条结果集。

3. 使用 WHERE 语句限定行

数据库中经常需要查询满足各种条件的记录，可以使用 WHERE 子句来实现，语法规则为：

SELECT　字段列表
FROM　表名
WHERE　查询条件

这里的查询条件和检查约束的表达式语法相同，主要有以下 6 种情况：

（1）使用比较操作符组成的表达式。

比较操作符主要用来判断两个值的大小，具体如表 3-14 所示。

【例 5-8】查询专业必修课的课程信息。

1）打开 SQL Server Management Studio，在工具栏中单击"新建查询"按钮，打开 SQL 编辑器，编写如下代码：

SELECT * FROM 课程
WHERE 课程性质='专业必修课'

2）单击工具栏中的"执行"按钮，运行结果如图 5-11 所示。

图 5-11　查询"课程"表里"专业必修课"的记录

说明：在"课程"表中，"专业必修课"属于"课程性质"字段的取值，所以在 WHERE 条件中使用比较操作符"="的表达式"课程性质='专业必修课'"来限定查询的行。

【例 5-9】查询 80 分以上的学生成绩。

1）打开 SQL Server Management Studio，在工具栏中单击"新建查询"按钮，打开 SQL 编辑器，编写如下代码：

```
SELECT * FROM 选课 WHERE 成绩>80
```

2）单击工具栏中的"执行"按钮，运行结果如图 5-12 所示。

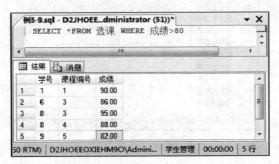

图 5-12　查询"选课"表里"成绩"大于 80 分的记录

说明：在"选课"表中，在 WHERE 条件中使用比较操作符">"的表达式"成绩>80"来限定查询的行。

（2）使用逻辑操作符组成的表达式。

有的时候查询条件有多个，就需要使用逻辑操作符把几个单一的条件组合成一个复合的条件表达式。逻辑运算符 AND、NOT 和 OR 的用法如表 3-15 所示，优先级从高到低为 NOT、AND、OR。

【例 5-10】查询 80 分以上并且 90 分以下的学生成绩。

1）打开 SQL Server Management Studio，在工具栏中单击"新建查询"按钮，打开 SQL 编辑器，编写如下代码：

```
SELECT *FROM 选课 WHERE 成绩>80 AND 成绩<90
```

2）单击工具栏中的"执行"按钮，运行结果如图 5-13 所示。

说明：在"选课"表中，查询条件有两个："成绩>80"和"成绩<90"，两个条件要同时满足，需要使用逻辑运算符 AND 连接这两个条件。

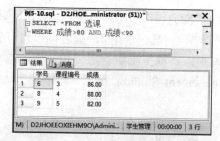

图 5-13　查询"选课"表里"成绩"大于 80 分小于 90 分的记录

【例 5-11】查询 90 分以上或者 60 分以下的学生成绩。

1）打开 SQL Server Management Studio，在工具栏中单击"新建查询"按钮，打开 SQL 编辑器，编写如下代码：

```
SELECT *FROM 选课 WHERE 成绩>90 OR 成绩<60
```

2）单击工具栏中的"执行"按钮，运行结果如图 5-14 所示。

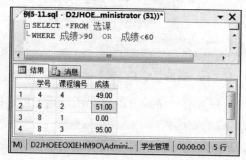

图 5-14　查询"选课"表里"成绩"大于 90 分或小于 60 分的记录

说明：在"选课"表中，查询条件有两个："成绩>90"和"成绩<60"，两个条件不用同时满足，有一个成立即可，需要使用逻辑运算符 OR 连接这两个条件。

【例 5-12】查询不是在第一学期开设的课程信息。

1）打开 SQL Server Management Studio，在工具栏中单击"新建查询"按钮，打开 SQL 编辑器，编写如下代码：

```
SELECT  *  FROM  课程
WHERE  NOT(开课学期='第一学期')
```

2）单击工具栏中的"执行"按钮，运行结果如图 5-15 所示。

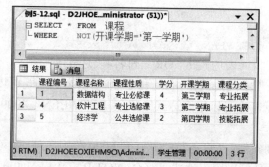

图 5-15　查询"课程"表里不在第一学期开设的课程记录

说明：在查询条件"开课学期='第一学期'"前面加 NOT 关键字，取反，查询开课学期不

是第一学期的信息。查询条件"NOT(开课学期='第一学期')"等价于查询条件"开课学期!=
'第一学期'",也等价于"开课学期<>'第一学期'",读者可以自行验证。

【例 5-13】在"学生"表中,查询王思旭、陈涛和赵伟的信息。

1)打开 SQL Server Management Studio,在工具栏中单击"新建查询"按钮,打开 SQL
编辑器,编写如下代码:

```
SELECT * FROM 学生
where 姓名='王思旭' OR 姓名='陈涛' OR 姓名='赵伟'
```

2)单击工具栏中的"执行"按钮,运行结果如图 5-16 所示。

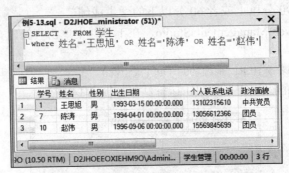

图 5-16　查询"学生"表里指定学生的信息

说明:查询条件有三个,只要有一个成立即可,所以用 OR 连接三个条件。

(3)使用范围操作符组成的表达式。

如果要查询一定范围内的记录,除了可以使用关系运算符和逻辑运算符的组合外,也可
以使用 BETWEEN 关键字。

查询在一定范围之间的语法格式为:

```
SELECT 　字段列表
FROM 　表名
WHERE 列名 　BETWEEN 　表达式 1 　AND 　表达式 2
```

参数说明:

● 表达式 1:查询范围的初始值。

● 表达式 2:查询范围的终止值,表达式 2 的值要大于等于表达式 1 的值。

查询条件等价于"列名>=表达式 1 　AND 　列名<=表达式 2"。

查询不在一定范围之间的语法格式为:

```
SELECT 　字段列表
FROM 　表名
WHERE 　列名 　NOT 　BETWEEN 　表达式 1 　AND 　表达式 2
```

查询条件等价于"列名<表达式 1 　OR 　列名>表达式 2"。

如查询条件:"奖金"字段的值在 4000 和 6000 范围之间,既可以用表达式"奖金>=4000
AND 奖金<=6000"表示,也可以用表达式"奖金 BETWEEN 　4000 AND 6000"表示,两种
表达方式等价。

同样地,如果有查询条件:"奖金"在 4000 到 6000 范围之外,既可以用表达式"奖金>6000
OR 奖金<4000"表示,又可以用表达式"奖金 NOT BETWEEN 4000 AND 6000"表示。

【例 5-14】查询 80 分以上并且 90 分以下的学生的成绩,查询结果包含 80 分和 90 分,
用两种方式查询。

1）打开 SQL Server Management Studio，在工具栏中单击"新建查询"按钮，打开 SQL 编辑器，编写如下代码：

```
SELECT * FROM 选课 WHERE 成绩 BETWEEN 80 AND 90

SELECT * FROM 选课 WHERE 成绩 >= 80 AND 成绩<=90
```

2）单击工具栏中的"执行"按钮，运行结果如图 5-17 所示。

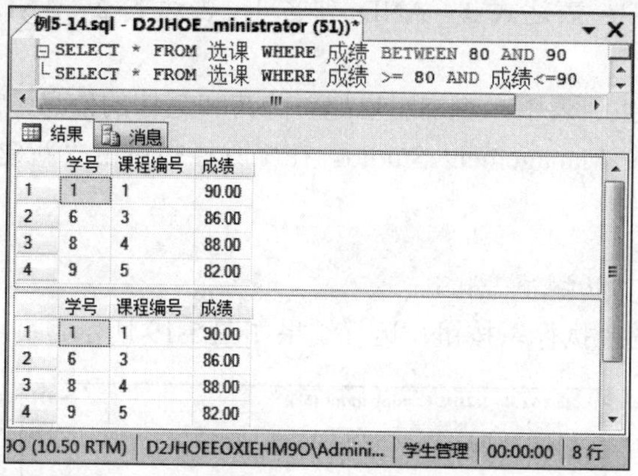

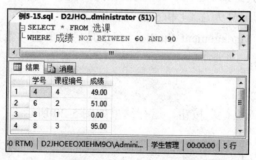

图 5-17　查询"选课"表里"成绩"在 80～90 分之间的记录

说明：两条查询结果是一样的，范围运算符 BETWEEN…AND 包含初始值和终止值的两端。

【例 5-15】查询 90 分以上或者 60 分以下的学生的成绩，用范围运算符实现。

1）打开 SQL Server Management Studio，在工具栏中单击"新建查询"按钮，打开 SQL 编辑器，编写如下代码：

```
SELECT * FROM 选课
WHERE 成绩 NOT BETWEEN 60 AND 90
```

2）单击工具栏中的"执行"按钮，运行结果如图 5-18 所示。

图 5-18　使用范围运算符查询成绩大于 90 分或小于 60 分的记录

说明：与图 5-14 比较，查询条件"成绩>90 OR 成绩<60"与查询条件"成绩 NOT BETWEEN 60 AND 90"结果集相同，两者等价。

（4）使用集合运算符组成的表达式。

IN 用来检索与指定值列表匹配的记录，语法格式如下：

```
SELECT  字段列表
FROM  表名
WHERE  列名  IN (表达式 1,表达式 2,表达式 3,…)
```

参数说明：表达式列表是表达式的值的列表，与列名的数据类型相同。

查询条件与"列名=表达式 1　OR　列名=表达式 2　OR　列名=表达式 3…"等价。

NOT　IN 用来检索与指定值列表不匹配的行，语法格式如下：

```
SELECT      字段列表
FROM        表名
WHERE       列名 NOT  IN(表达式 1，表达式 2，表达式 3，…         )
```

查询条件与"列名 != 表达式 1　AND 列名 != 表达式 2　AND 列名 != 表达式 3…"等价。

【例 5-16】在"学生"表中，查询王思旭、陈涛和赵伟的信息，用集合运算符实现。

1）打开 SQL Server Management Studio，在工具栏中单击"新建查询"按钮，打开 SQL 编辑器，编写如下代码：

```
SELECT *FROM 学生
WHERE 姓名 IN('王思旭','陈涛','赵伟')
```

2）单击工具栏中的"执行"按钮，运行结果如图 5-19 所示。

图 5-19　使用集合运算符查询指定学生的记录

说明：与图 5-16 比较，查询条件"姓名='王思旭' OR 姓名='陈涛' OR 姓名='赵伟'"与查询条件"姓名 IN('王思旭','陈涛','赵伟')"结果集相同，两者等价。

【例 5-17】查询课程编号为 2、4 和 5 的课程的信息。

1）打开 SQL Server Management Studio，在工具栏中单击"新建查询"按钮，打开 SQL 编辑器，编写如下代码：

```
SELECT * FROM 课程
WHERE 课程编号 IN(2,4,5)
```

2）单击工具栏中的"执行"按钮，运行结果如图 5-20 所示。

图 5-20　使用集合运算符查询指定课程编号的记录

【例 5-18】查询课程编号不是 2 也不是 4 和 5 的课程的信息。

1）打开 SQL Server Management Studio，在工具栏中单击"新建查询"按钮，打开 SQL 编辑器，编写如下代码：

```
SELECT * FROM 课程
WHERE 课程编号 NOT IN(2,4,5)
```

2）单击工具栏中的"执行"按钮，运行结果如图 5-21 所示。

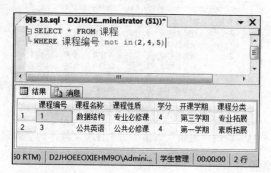

图 5-21 使用集合运算符查询不是指定课程编号的记录

说明：查询条件"课程编号 NOT IN(2,4,5)"与查询条件"课程编号!=2 AND 课程编号!=4 AND 课程编号!=5"等价，读者可以自行验证。

（5）查询空值。

空值（NULL）既不是空格也不是空字符串，空值表示未知的不确定的值。例如，某些学生选课后没有参加考试，有选课记录，但没有考试成绩，考试成绩为空值，这与参加考试，成绩为零分的不同。如果要查询空值，在 WHERE 子句中使用"列名 IS NULL"；如果要查询不是空值的记录，使用"列名 IS NOT NULL"。

【例 5-19】查询"班级"表中"班主任"字段为空的记录。

1）打开 SQL Server Management Studio，在工具栏中单击"新建查询"按钮，打开 SQL 编辑器，编写如下代码：

```
SELECT * FROM 班级 WHERE 班主任 IS NULL
```

2）单击工具栏中的"执行"按钮，运行结果如图 5-22 所示。

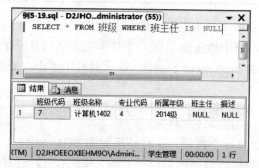

图 5-22 查询"班级"表里"班主任"字段为空的记录

说明：查询空值不能用"列名=NULL"。

【例 5-20】查询"班级"表中"班主任"字段不为空的记录。

1）打开 SQL Server Management Studio，在工具栏中单击"新建查询"按钮，打开 SQL 编辑器，编写如下代码：

SELECT * FROM 班级 WHERE 班主任 IS　NOT　NULL

2）单击工具栏中的"执行"按钮，运行结果如图 5-23 所示。

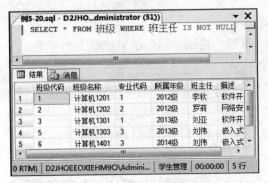

图 5-23　查询"班级"表里"班主任"字段不为空的记录

说明：查询非空值不能用"列名 != NULL"。

（6）模糊查询。

在实际查询中，经常会碰到记不住精确的查询条件、需要进行模糊匹配的情况，就会用到 LIKE 关键字进行模糊查询。LIKE 关键字要和通配符结合在一起使用。通配符及其含义如表 5-1 所示。

表 5-1　通配符及其含义说明

通配符	说明	举例
%	包含零个或多个字符的任意字符串	Like '%软件%'，查找在任意位置包含"软件"的所有字符串
—（下划线）	表示单个的任意字符	Like '刘_'，查找姓刘的并且名字只有两个字的学生
[ ]	方括号列出来的任意单个字符	Like '[b-f]an'，查找以 an 结尾并且以 b~f 之间的任何单个字符开始的字符串
[^]	除了方括号列出来的其他任意单个字符	Like '[^b-f]an'，查找以 an 结尾并且不以 b~f 之间的任何单个字符开始的字符串

【例 5-21】查询 1：查询"学生"表中姓王的学生的记录。

查询 2：查询"学生"表中姓王的学生，并且学生名字只有两个字。

1）打开 SQL Server Management Studio，在工具栏中单击"新建查询"按钮，打开 SQL 编辑器，编写如下代码：

SELECT * FROM 学生　WHERE 姓名 LIKE '王%'
SELECT * FROM 学生　WHERE 姓名 LIKE '王_'

2）单击工具栏中的"执行"按钮，运行结果如图 5-24 所示。

说明：第一条语句的查询结果是姓名以王开始，%表示王姓后有任意个字符；第二条语句的查询结果是姓名以王开始，_表示后面只有一个字符。

【例 5-22】查询学生表中除了姓王的学生的记录。

1）打开 SQL Server Management Studio，在工具栏中单击"新建查询"按钮，打开 SQL 编辑器，编写如下代码：

SELECT * FROM 学生　WHERE 姓名 NOT　LIKE　'王%'

2）单击工具栏中的"执行"按钮，运行结果如图 5-25 所示。

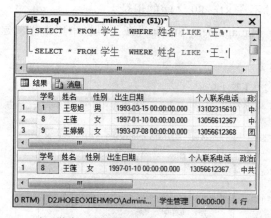

图 5-24 对"学生"表的"姓名"使用 LIKE 进行模糊查询

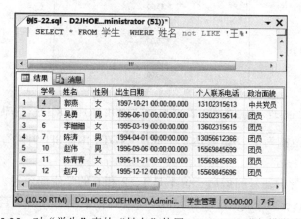

图 5-25 对"学生"表的"姓名"使用 NOT LIKE 进行模糊查询

【例 5-23】查询成绩在 81～89 之间的记录。

1）打开 SQL Server Management Studio，在工具栏中单击"新建查询"按钮，打开 SQL 编辑器，编写如下代码：

```
SELECT * FROM 选课
WHERE  成绩 LIKE '8[1-9]%'
```

2）单击工具栏中的"执行"按钮，运行结果如图 5-26 所示。

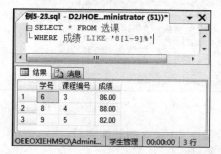

图 5-26 对"选课"表的"成绩"使用 LIKE 进行查询

说明：[1-9]表示范围为 1～9，表达式"成绩 LIKE '8[1-9]%'"表示成绩以 8 开始，第二个字符的范围是 1～9，后面是任意个字符。

【例 5-24】查询成绩不在 81～89 之间的记录。

1）打开 SQL Server Management Studio，在工具栏中单击"新建查询"按钮，打开 SQL 编辑器，编写如下代码：

```
SELECT * FROM 选课
WHERE 成绩  NOT  LIKE '8[1-9]%'
```

2）单击工具栏中的"执行"按钮，运行结果如图 5-27 所示。

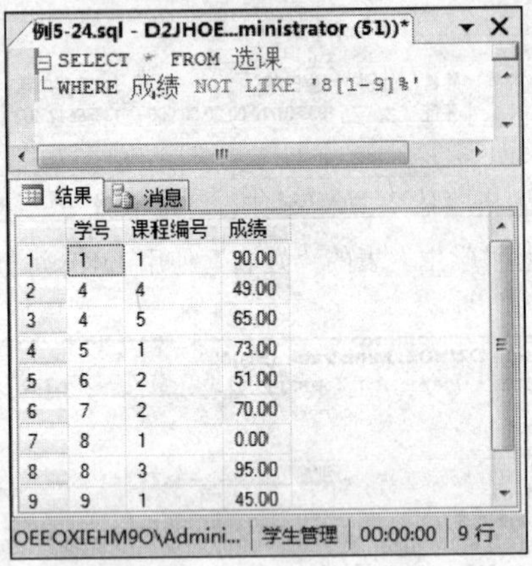

图 5-27　对"选课"表的"成绩"使用 NOT LIKE 进行查询

说明：[1-9]表示范围为 1～9，表达式"成绩 NOT LIKE '8[1-9]%'"表示成绩不在 81～89 之间。

【例 5-25】查询身份证号的最后一位不是 1、2 和 6 的学生的信息。

1）打开 SQL Server Management Studio，在工具栏中单击"新建查询"按钮，打开 SQL 编辑器，编写如下代码：

```
SELECT  学号,姓名,身份证号
FROM  学生  WHERE  身份证号  LIKE '%[^126]'
```

2）单击工具栏中的"执行"按钮，运行结果如图 5-28 所示。

图 5-28　对"学生"表的"身份证号"使用 LIKE 进行查询

说明：[^126]表示范围除了 1、2 和 6 的其他字符。

5.2.5　应用实践

在"销售"数据库中查询电话号码以 63 开头并且是"启用"状态的用户的信息。

（1）打开 SQL Server Management Studio，单击"对象资源管理器"中的"数据库"文件夹下的数据库"销售"。

（2）单击工具栏中的"新建查询"按钮，打开"查询编辑器"窗口。

（3）在"查询编辑器"窗口中输入以下代码：

```
SELECT *FROM    账号
WHERE  电话  LIKE '63%' AND  状态='启用'
```

（4）单击工具栏中的"执行"按钮，运行结果如图 5-29 所示。

图 5-29　在"账号"表中查询满足条件的记录

任务 5.3　使用函数查询数据

5.3.1　情景描述

在"学生管理"数据库中，"学生"表包含出生日期和身份证号两个字段。在现实生活中，出生日期和身份证号里的某一部分是完全匹配的。为了检验学生信息里的出生日期和身份证号存储的信息是否一致，开发团队需要把"身份证号"字段的值从第 7 位开始、长度为 8 的字符串（即标识此人出生日期的部分）截取出来，与数据库内保存的"出生日期"字段值进行比较。

5.3.2　问题分析

为了解决上述问题，需要完成以下任务：

（1）使用求子串的函数从身份证号中截取子串，子串为从身份证号的第 7 位开始、连续 8 个字符。

（2）使用类型转换函数把截取的子串转换为日期类型。

（3）比较查看转换后的子串与"出生日期"字段值是否一致。

5.3.3　解决方案

（1）打开 SQL Server Management Studio，单击"对象资源管理器"中的"数据库"文件夹下的数据库"学生管理"。

（2）单击工具栏中的"新建查询"按钮，打开"查询编辑器"窗口。

（3）在"查询编辑器"窗口中输入以下代码：

```
SELECT    学号,姓名,身份证号,出生日期,CONVERT(datetime,SUBSTRING(身份证号,7,8))
FROM    学生
```

（4）单击工具栏中的"执行"按钮，运行结果如图 5-30 所示。

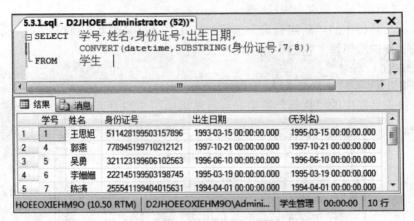

图 5-30　查询指定字段

5.3.4　知识总结

函数是完成一个特定功能的代码集合。在数据查询中，经常需要使用函数实现一些复杂的运算。SQL Server 2008 系统提供了丰富的内置函数，常用的主要有字符串函数、数学函数、日期和时间函数、聚合函数、类型转换函数、次序函数和判定函数。

1．字符串函数

字符串函数主要对字符型数据进行操作和运算，在大量的查询中，经常需要对字符型数据进行适当的处理和变换才能实现复杂的查询功能。常用的字符串函数及其说明如表 5-2 所示。

表 5-2　字符串函数

函数	说明	举例
ASCII(字符串表达式)	返回字符表达式最左侧字符的 ASCII 码值	SELECT ASCII ('abcde') 返回：97
CHAR(整型表达式)	将 int 型的 ASCII 码转换为字符	SELECT CHAR(97) 返回：a
charindex(字符串 1,字符串 2)	返回字符串中指定表达式的开始位置，字符串 1 在字符串 2 中首次出现的位置	SELECT charindex('co','welcome') 返回：4
left(字符串,指定个数)	返回字符串中从左边开始指定个数的字符串	SELECT left('welcome',3) 返回：wel
right(字符串,指定个数)	返回字符串中从右边开始指定个数的字符串	SELECT right('welcome',3) 返回：ome
len(字符串)	返回指定字符串表达式的字符数，其中不包含尾随空格	SELECT len('welcome') 返回：7
lower(字符串)	返回大写字符所转换的小写字符表达式	SELECT lower('WELCOME') 返回：welcome
upper(字符串)	返回小写字符所转换的大写字符表达式	SELECT upper('welcome') 返回：WELCOME

函数	解释	举例
ltrim(字符串)	返回删除前导空格之后的字符表达式	SELECT ltrim(' welcome') 返回：welcome
rtrim(字符串)	返回删除尾随空格之后的字符表达式	SELECT rtrim('welcome ') 返回：welcome
str(数值)	返回由数字数据转换的字符数据格式	SELECT '离高考开始还有'+ltrim(str(66))+'天' 返回：离高考开始还有 66 天
substring （表达式,指定位置,指定长度)	返回字符表达式从指定位置开始指定长度的子串	SELECT substring('welcome to our school',3,10) 返回：lcome to o

【例 5-26】在"课程"表中查询"课程编号"、"课程名称"字段，并显示课程名称的长度。

（1）打开 SQL Server Management Studio，在工具栏中单击"新建查询"按钮，打开 SQL 编辑器，编写如下代码：

```
SELECT 课程编号,课程名称,LEN(课程名称)  AS  长度
FROM 课程
```

（2）单击工具栏中的"执行"按钮，运行结果如图 5-31 所示。

图 5-31　对"课程名称"使用 LEN 函数

说明：使用 LEN 函数求字段"课程名称"的长度，查询结果中函数计算的列是无列名的，所以在函数后面使用 AS 命令来定制列名。

2. 数学函数

数学函数对数值型数据进行数学运算，常用的数学函数及其说明如表 5-3 所示。

表 5-3　常用的数学函数

函数	说明	举例
abs(表达式)	返回表达式的绝对值	select abs(-10) 返回：10
ceiling(表达式)	返回大于或等于指定数值表达式的最小整数	select ceiling(10.33) 返回：11
floor(表达式)	返回小于或等于指定数值表达式的最大整数	select floor(10.33) 返回：10

函数	解释	举例
exp(表达式)	返回指定表达式的指数值	select exp(4) 返回：54.5981500331442
log(表达式)	返回指定表达式的自然对数	select log(4) 返回：1.38629436111989
square(表达式)	返回指定表达式的平方	select square(5) 返回：25
sqrt(表达式)	返回指定表达式的平方根	select sqrt(25) 返回：5
power(表达式 1,表达式 2)	返回指定表达式 1 的指定幂（表达式 2）的值	select power(5,3) 返回：125
rand()	返回 0～1 之间的随机 float 值	select rand() 返回：0.0576476554266522（随机，每次执行结果都不同）
pi()	返回圆周率的常量值	select pi() 返回：3.14159265358979
sin(弧度)	返回以弧度表示的角的正弦值	select sin(pi()/6) 返回：0.5
cos(弧度)	返回以弧度表示的角的余弦值	select cos(pi()/3) 返回：0.5
tan(弧度)	返回以弧度表示的角的正切值	select tan(pi()/4) 返回：1
cot(弧度)	返回以弧度表示的角的余切值	select cot(pi()/4) 返回：1

3. 日期和时间函数

日期和时间函数主要用来处理日期和时间的信息。日期时间型数据由年、月、日、时、分、秒几部分组成。SQL Server 2008 提供了丰富的日期函数，来对日期时间型数据的某个部分进行处理。日期型数据的日期部分的取值如表 5-4 所示，常用的日期时间型函数如表 5-5 所示。

表 5-4　时间日期函数里"日期部分"的取值

日期部分	缩写	说明
year	yy 或 yyyy	日期的"年"部分
quarter	qq 或 q	日期的"季度"
month	mm 或 m	日期的"月"部分
day	dd 或 d	日期的"日"部分
day of year	dy 或 y	一年中的第几天
week	ww	一年中的第几个星期
weekday	dw	星期几
hour	hh	日期的"小时"部分
minute	mi 或 n	日期的"分钟"部分

续表

日期部分	缩写	说明
second	ss 或 s	日期的"秒"部分
millisecond	ms	千分之一秒，即毫秒

表 5-5　常用的日期和时间函数

函数	说明	举例
Getdate()	返回当前系统的日期和时间	SELECT GETDATE() 返回：2008-01-06 05:06:59.750
DAY(日期)	返回日期的"日"部分的整数	SELECT DAY('2013-10-12') 返回：12
MONTH(日期)	返回日期的"月"部分的整数	SELECT MONTH('2013-10-12') 返回：10
YEAR(日期)	返回日期的"年"部分的整数	SELECT YEAR('2013-10-12') 返回：2013
Datename(日期部分,日期)	返回日期指定的日期部分，结果集类型为字符串	SELECT DATENAME(yy,'2013-10-12') 返回：2013
Datepart(日期部分,日期)	返回日期指定的日期部分，结果集类型为整数	SELECT DATEPART(yy,'2013-10-12') 返回：2013
Dateadd(日期部分,整数,日期)	返回在给定日期的指定部分上加上给定整数的新日期	SELECT DATEADD(yy,3,'2013-10-12') 返回：2016-10-12 00:00:00.000
Datediff(日期部分,日期1,日期2)	返回日期2与日期1在指定的日期部分上的差值	SELECT DATEDIFF(yy,'2000-05-01','2013-10-12') 返回：13

【例 5-27】首先求出当前系统的时间，然后求出当前系统时间的年、月、日、一年中的第几天。

（1）打开 SQL Server Management Studio，在工具栏中单击"新建查询"按钮，打开 SQL 编辑器，编写如下代码：

```
SELECT   GETDATE()   AS  '当前系统时间'
SELECT   YEAR(GETDATE())   AS  '年'
SELECT   MONTH(GETDATE())   AS  '月'
SELECT   DAY(GETDATE())   AS  '日'
SELECT   DATEPART(dy,GETDATE())   AS  '一年中天数'
```

（2）单击工具栏中的"执行"按钮，运行结果如图 5-32 所示。

说明：

① 日期函数计算出来的结果没有列名，需要用 AS 关键字定制列名。

② YEAR、MONTH、DAY、DATEPART 函数的参数是系统函数 GETDATE()的结果，从这里可以看出，函数是可以嵌套调用的。

③ DATEPART(yy,GETDATE())与 YEAR(GETDATE())等价，DATEPART(mm,GETDATE())与 MONTH(GETDATE())等价，DATEPART(dd,GETDATE())与 DAY(GETDATE())等价。读者可以自己验证。

④ 如果把 DATEPART 换成 DATENAME，看会有什么效果？

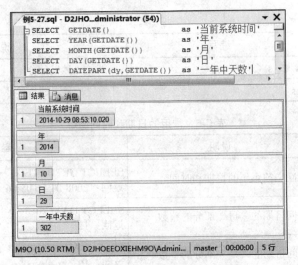

图 5-32 在查询命令中调用日期函数

【例 5-28】计算从现在开始经过 16 个月的日期、从现在开始经过 78 天后的日期，以及从现在开始过 233 个小时后的日期。

（1）打开 SQL Server Management Studio，在工具栏中单击"新建查询"按钮，打开 SQL 编辑器，编写如下代码：

```
SELECT    GETDATE()
SELECT    DATEADD(mm,16,GETDATE())
SELECT    DATEADD(dd,78,GETDATE())
SELECT    DATEADD(HH,233,GETDATE())
```

（2）单击工具栏中的"执行"按钮，运行结果如图 5-33 所示。

图 5-33 在查询命令中调用 DATEADD 函数

说明：
① 函数计算的结果集没有列名。
② 第一条语句显示当前系统的时间，以便与后面的语句结果进行比较。
③ 第二条语句显示的是日期经过的月份，所以日期部分选择 mm。
④ 第三条语句显示的是日期经过的天数，所以日期部分选择 dd。
⑤ 第四条语句显示的是日期经过的小时数，所以日期部分选择 hh。

【例 5-29】离现在最近的一次高考开始时间是 2015 年 6 月 7 日，计算从现在开始到高考还有多少天。

（1）打开 SQL Server Management Studio，在工具栏中单击"新建查询"按钮，打开 SQL 编辑器，编写如下代码：

```
SELECT GETDATE()
SELECT DATEDIFF(DD,GETDATE(),'2015-06-07')
SELECT '离高考还有'+str(DATEDIFF(DD,GETDATE(),'2015-06-07'))+'天'
```

（2）单击工具栏中的"执行"按钮，运行结果如图 5-34 所示。

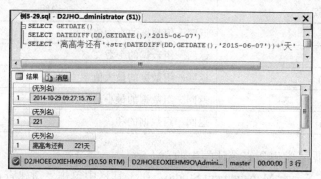

图 5-34 在查询命令中调用 DATEDIFF 函数

说明：

① 第一条语句显示当前系统的时间，以便与后面的语句结果进行比较。

② 计算日期的差值选用函数 DATEDIFF，计算日期在"日"上的差值，日期部分选择 dd。

③ 第三条语句使用字符串连接运算符"+"把函数计算的结果和字符串常量连接，由于 DATEDIFF 函数返回的是整数，不能直接与字符串进行连接运算，所以要用字符串转换函数把整数转换为字符串。

【例 5-30】查询学生的学号、姓名、性别、出生日期、年龄。

（1）打开 SQL Server Management Studio，在工具栏中单击"新建查询"按钮，打开 SQL 编辑器，编写如下代码：

```
SELECT 学号,姓名,性别,出生日期, DATEDIFF(YY,出生日期,GETDATE())  AS '年龄'
FROM 学生
```

（2）单击工具栏中的"执行"按钮，运行结果如图 5-35 所示。

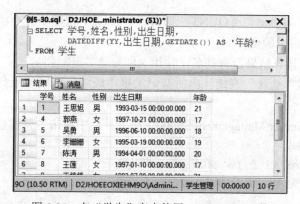

图 5-35 在"学生"表中使用 DATEDIFF 函数

说明：

① 数据库存储的是出生日期，若需要得到年龄，需要计算当前时间和生日在年份上的差异，所以日期部分选择 yy。

② DATEDIFF 函数计算结果没有列名，使用 AS 关键字定制列名。

4. 聚合函数

常用的聚合函数如表 5-6 所示。

表 5-6　常用的聚合函数

函数	说明
AVG(column_name)	返回一组数据的平均值
COUNT(*)	返回一组数据的个数
MAX(column_name)	返回一组数据的最大值
MIN(column_name)	返回一组数据的最小值
SUM(column_name)	返回一组数据的和

【例 5-31】根据"学生"表统计学生的总人数。

（1）打开 SQL Server Management Studio，在工具栏中单击"新建查询"按钮，打开 SQL 编辑器，编写如下代码：

```
SELECT  COUNT(*)  AS  '人数'
FROM 学生
```

（2）单击工具栏中的"执行"按钮，运行结果如图 5-36 所示。

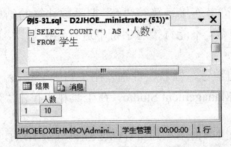

图 5-36　对"学生"表使用 COUNT 函数

说明：

① 在此处使用了聚合函数 COUNT，那么在 SELECT 语句中将不能出现"学生"表中的其他列名，读者可以自己验证。

② COUNT 函数计算结果没有列名，使用 AS 关键字定制列名。

【例 5-32】根据"选课"表统计出所有记录里"成绩"字段的最高分、最低分、平均分和总分的值。

（1）打开 SQL Server Management Studio，在工具栏中单击"新建查询"按钮，打开 SQL 编辑器，编写如下代码：

```
SELECT  MAX(成绩) AS '最高分', MIN(成绩) AS '最低分',
        AVG(成绩) AS '平均分',SUM(成绩) AS '总分'
FROM  选课
```

（2）单击工具栏中的"执行"按钮，运行结果如图 5-37 所示。

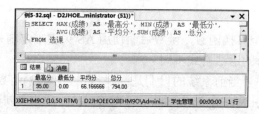

图 5-37　对"选课"表使用 MAX、MIN、AVG、SUM 函数

说明：

① 在此处使用了聚合函数 MAX、MIN、AVG、SUM，那么在 SELECT 语句中不能出现"学生"表中的其他列名，如果出现，则会报错。

② 函数计算结果没有列名，使用 AS 关键字定制列名。

5. 类型转换函数

常用的类型转换函数如表 5-7 所示。

表 5-7　常用的类型转换函数

函数	说明	举例
Cast(表达式 AS 数据类型)	将表达式强制转换成为指定的数据类型	SELECT cast(13.25 as int) 返回：13
Convert(数据类型,表达式[, 样式])	将表达式强制转换成为指定的数据类型，也可以指出需要转换的样式	SELECT convert(int,13.25) 返回：13

类型转换函数在使用时需要提供的信息一般都为要转换的表达式和目标数据类型。注意不能尝试不可能的转换，例如将 char 类型的表达式转换为 int。

【例 5-33】在"选课"表中，"成绩"以两位小数的形式进行保存。请查询"选课"表中的所有记录，并在查询结果中把"成绩"字段的值改为整数显示。

（1）打开 SQL Server Management Studio，在工具栏中单击"新建查询"按钮，打开 SQL编辑器，编写如下代码：

```
SELECT 学号,课程编号,CAST(成绩 AS INT) AS '成绩'
FROM 选课

SELECT 学号,课程编号,CONVERT(int,成绩) AS '成绩'
FROM 选课
```

（2）单击工具栏中的"执行"按钮，运行结果如图 5-38 所示。

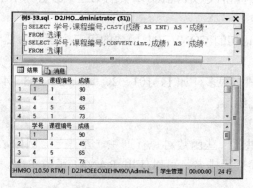

图 5-38　对"选课"表使用类型转换函数

说明:

① 在此处使用了类型转换函数,函数后面使用 AS 关键字定制列名。

② CAST 和 Convert 的语法格式不同。

【例 5-34】将字符串"当前系统的日期是:"与 GETDATE()函数的结果连接起来并显示。

(1) 打开 SQL Server Management Studio,在工具栏中单击"新建查询"按钮,打开 SQL 编辑器,编写如下代码:

```
SELECT '当前系统的日期是: '+CONVERT(varchar(10),GETDATE())
SELECT '当前系统的日期是: '+CONVERT(varchar(10),GETDATE(),1)
SELECT '当前系统的日期是: '+CONVERT(varchar(10),GETDATE(),101)
SELECT '当前系统的日期是: '+CONVERT(varchar(10),GETDATE(),2)
```

(2) 单击工具栏中的"执行"按钮,运行结果如图 5-39 所示。

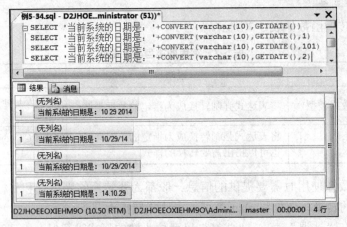

图 5-39   在查询命令中调用 CONVERT 函数

说明:

① GETDATE()返回的是日期类型的数据,与字符串常量不能直接连接,需要用类型转换函数转换成字符串,然后再连接。

② 第一个 SELECT 语句的 CONVERT 函数的第三个参数为日期样式,可以省略,省略后日期输出默认样式。

③ 第二个 SELECT 语句的 CONVERT 函数的第三个参数为 1,则日期用月/日/年样式,并且年份为两位。

④ 第三个 SELECT 语句的 CONVERT 函数的第三个参数为 101,则日期用月/日/年样式,并且年份为四位。

⑤ 第二个 SELECT 语句的 CONVERT 函数的第三个参数为 2,则日期用年.月.日样式,并且年份为两位。

⑥ 日期样式的参数值有很多,如 1、101、2、102、3、103、4、104、5、105、6、106、7、107 等,读者可以自己练习。

6. 次序函数

SQL Server 2008 提供了一些函数对每行产生一个序号,例如,在学期期末,要发放奖学金,需要对学生的总成绩进行排名,可以使用 RANK()函数实现。常用的次序函数如表 5-8 所示。

表 5-8 常用的次序函数

函数	说明
ROW_NUMBER()	为查询结果集的每条记录增添递增的顺序数值序号
RANK()	功能和 ROW_NUMBER()类似，区别是相同值的记录的序号也相同，但是下一个序号可能不连续
DENSE_RANK()	功能同 RANK()，相同值的序号也相同，但是序号是连续的

【例 5-35】对"课程"表的"学分"字段分别使用三种不同的次序函数进行排序。

（1）打开 SQL Server Management Studio，在工具栏中单击"新建查询"按钮，打开 SQL 编辑器，编写如下代码：

```
SELECT 课程编号,学分,
       ROW_NUMBER() over (order by 学分 desc) as '序号',
       RANK() over (order by 学分 desc) as '排名',
       DENSE_RANK() over(order by 学分 desc) as '等级'
FROM 课程
```

（2）单击工具栏中的"执行"按钮，运行结果如图 5-40 所示。

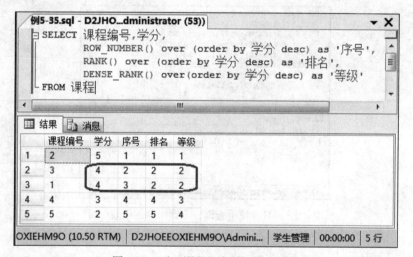

图 5-40 对"课程"表使用排序函数

说明：

① 三个函数后面都用了 over 子句，over 子句中使用 order by 加字段名对记录先排序再生成一个序号，desc 是降序排列。

② 三个函数都能生成一个序号，区别在于排序字段具有相同值时，它们的处理方式不一样：ROW_NUMBER()函数按照序号递增的顺序来生成序号；RANK()函数对于排序字段都为 4 的情况下，生成的序号也相同，但是后面的序号不连续；DENSE_RANK()函数对于排序相同的字段，学分 4 生成的序号也相同，后面的序号是连续的。

7. 判定函数

数据在参加运算前，需要判定数据本身是否合法，需要用判定函数进行判断。常用的判定函数如表 5-9 所示。

表 5-9   常用的判定函数

函数	说明
ISDATE(表达式)	判断表达式是否为合法的日期型数据，是则返回 1，不是日期类型则返回 0
ISNUMERIC(表达式)	判断表达式是否为一个合法的数值型数据，是则返回 1，不是则返回 0
ISNULL(表达式 1,表达式 2)	判断表达式 1 的值是否为 NULL，是则返回表达式 2 的值，不是则返回表达式 1 的值

【例 5-36】使用判定函数判断指定的日期和数值。

（1）打开 SQL Server Management Studio，在工具栏中单击"新建查询"按钮，打开 SQL 编辑器，编写如下代码：

```
SELECT    ISDATE('2014-11-01') AS '1 列',ISDATE('2014-11-32') AS '2 列',
          ISDATE('12345678') AS '3 列',ISDATE('abcdefg') AS    '4 列'

SELECT    ISNUMERIC('AB') AS 'X 列',ISNUMERIC('123') AS 'Y 列',
          ISNUMERIC('134.99') AS 'Z 列'
```

（2）单击工具栏中的"执行"按钮，运行结果如图 5-41 所示。

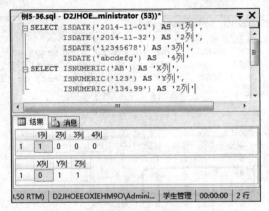

图 5-41   使用查询命令调用判定函数

说明：

① 函数的运行结果没有列名，使用 AS 关键字定制列名。

② 第一条语句的第 2 列，日期内容超出范围，也不属于合法日期表达式，返回 0。

③ 判断数值包括整数、浮点数的判断都是返回 1。

【例 5-37】在"班级"表中，有的班级没有分配班主任，则数据库中"班主任"字段存储的是 NULL。在实际显示中，通过调用 ISNULL()函数把 NULL 值显示为"未安排"。

（1）打开 SQL Server Management Studio，在工具栏中单击"新建查询"按钮，打开 SQL 编辑器，编写如下代码：

```
SELECT  班级代码,班级名称, ISNULL(班主任,'未安排')    AS    '班主任'
FROM  班级
```

（2）单击工具栏中的"执行"按钮，运行结果如图 5-42 所示。

说明：

① 对"班主任"字段用 ISNULL 函数进行处理，运行结果没有列名，使用 AS 关键字定制列名为"班主任"。

② ISNULL 函数的第一个参数为"班主任"字段的值，若该字段本来有值，则原样输出；若该字段值为 NULL，则输出"未安排"。

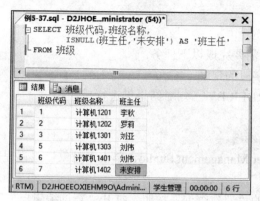

图 5-42 对"班级"表使用判定函数

5.3.5 应用实践

在"销售"数据库的"商品"表中查询已经过期的商品信息。

（1）打开 SQL Server Management Studio，单击"对象资源管理器"中的"数据库"文件夹下的数据库"销售"。

（2）单击工具栏中的"新建查询"按钮，打开"查询编辑器"窗口。

（3）在"查询编辑器"窗口中输入以下代码：

```
SELECT *
FROM 商品
WHERE DATEDIFF(DD,生产日期,GETDATE())>=保质期
```

（4）单击工具栏中的"执行"按钮，运行结果如图 5-43 所示。

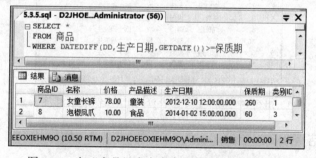

图 5-43 在"商品"表中查询已经过期的商品记录

任务 5.4 对查询结果进行排序

5.4.1 情景描述

在查询出数据库内满足搜索条件的记录后，往往需要对这些记录按照某种规则进行排序显示。数据库开发人员需要在学生信息管理系统中显示教师编号、教师姓名、职称、性别、学

历，根据用户需求，需要在显示时按照职称升序对教师信息进行排序，职称相同的再按照性别降序进行排序。

5.4.2　问题分析

为了解决上述问题，需要完成以下任务：

（1）查询得到指定字段的记录。

（2）按要求使用 ORDER BY 子句对结果集进行排序。

5.4.3　解决方案

（1）打开 SQL Server Management Studio，单击"对象资源管理器"中的"数据库"文件夹下的数据库"学生管理"。

（2）单击工具栏中的"新建查询"按钮，打开"查询编辑器"窗口。

（3）在"查询编辑器"窗口中输入以下代码：

```
SELECT 教师编号,教师姓名,职称,性别,学历
FROM 教师
ORDER BY 职称 ASC ,性别 DESC
```

（4）单击工具栏中的"执行"按钮，运行结果如图 5-44 所示。

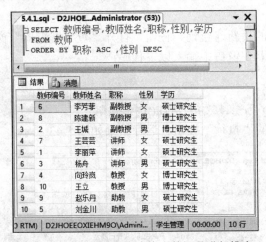

图 5-44　对"教师"表查询出的记录进行排序

5.4.4　知识总结

在查询过程中，有时候需要按照一定的顺序显示查询结果，比如有时候要按照销售业绩从高到低来查看销售人员的信息，有时候要按照奖金的高低来查看销售人员的信息。可以用 ORDER BY 子句来对查询结果进行排序，语法规则如下：

```
SELECT 字段列表
FROM 表名
ORDER BY 字段名 ASC|DESC
```

参数说明：

● 字段名：指定要排序的列名，可以按照多列进行排序，列名之间用逗号分隔。

● ASC|DESC：可以省略，如果省略，默认值为 ASC，两者之间只能取一个，ASC 表

示升序排列，DESC 表示降序排列。

【例 5-38】查询"选课"表中的所有记录，并按成绩从高到低的顺序显示。

（1）打开 SQL Server Management Studio，在工具栏中单击"新建查询"按钮，打开 SQL 编辑器，编写如下代码：

SELECT * FROM 选课 ORDER BY 成绩 ASC

（2）单击工具栏中的"执行"按钮，运行结果如图 5-45 所示。

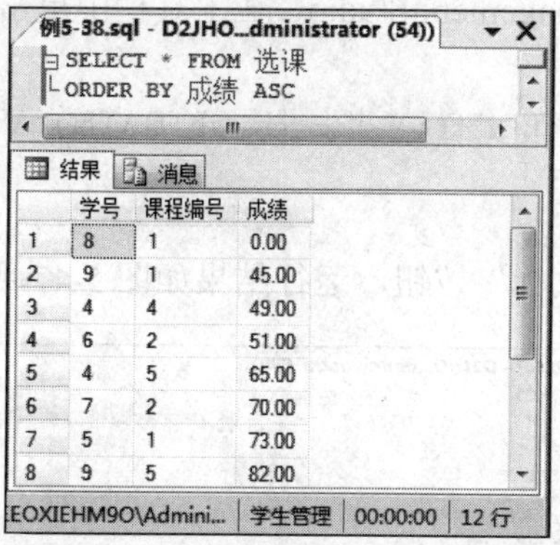

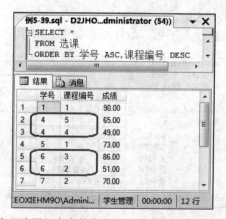

图 5-45　查询"选课"表中的记录并按成绩升序排序

说明：

① ASC 关键字也可以省略，查询结果相同。

② 如果把 ASC 换成 DESC，则结果为按照"成绩"字段降序排列。

③ 字段类型如果是 ntext、text、image 类型，则不能进行排序。

【例 5-39】将"选课"表中的记录按照学号递增的顺序排列，对学号相同的记录按照课程编号递减的顺序排列。

（1）打开 SQL Server Management Studio，在工具栏中单击"新建查询"按钮，打开 SQL 编辑器，编写如下代码：

SELECT *
FROM 选课
ORDER BY 学号 ASC,课程编号 DESC

（2）单击工具栏中的"执行"按钮，运行结果如图 5-46 所示。

图 5-46　查询"选课"表中的记录并按学号升序、课程编号降序排序

说明：

① ASC 关键字也可以省略，查询结果相同。

② ORDER BY 子句后面有两个字段名，可以按照多列进行排序。学号是升序排列，若第一排序关键字"学号"相同，则按照第二关键字"课程编号"降序排列。

【例 5-40】查询"学生"表学号、姓名、性别、年龄的信息，对查询记录按照学生年龄从小到大的顺序排序。

（1）打开 SQL Server Management Studio，在工具栏中单击"新建查询"按钮，打开 SQL 编辑器，编写如下代码：

```
SELECT   学号,姓名,性别, DATEDIFF(YY,出生日期,GETDATE()) AS '年龄'
FROM    学生
ORDER BY   年龄  ASC
```

（2）单击工具栏中的"执行"按钮，运行结果如图 5-47 所示。

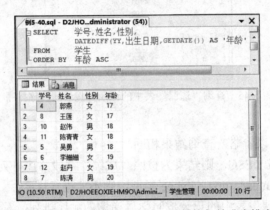

图 5-47   查询"学生"表中的记录并按年龄升序排序

说明：

① 可以对计算的列进行排序，排序字段为计算列定义的列名。

② 可以在 SELECT 字段名后面用 TOP n 来显示年龄最小的 n 个学生。

【例 5-41】查询"专业"表中的信息，按照第一列降序排列。

（1）打开 SQL Server Management Studio，在工具栏中单击"新建查询"按钮，打开 SQL 编辑器，编写如下代码：

```
SELECT * FROM 专业   ORDER BY  1   DESC
```

（2）单击工具栏中的"执行"按钮，运行结果如图 5-48 所示。

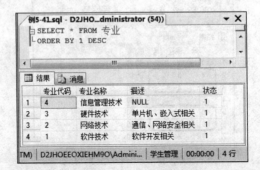

图 5-48   查询"专业"表中的记录并按第一列降序排序

说明：可以用输出列表中列的位置来指定排序关键字，第一列"专业代码"的位置是1。

5.4.5 应用实践

在"销售"数据库的"商品"表中，按照商品的保质期剩余时间进行升序排序，显示将要过期的前5个商品，以便对将要过期的商品进行打折处理。

（1）打开 SQL Server Management Studio，单击"对象资源管理器"中的"数据库"文件夹下的数据库"销售"。

（2）单击工具栏中的"新建查询"按钮，打开"查询编辑器"窗口。

（3）在"查询编辑器"窗口中输入以下代码：

```
SELECT   TOP 5 *
FROM  商品
WHERE  生产日期 IS NOT NULL     --生产日期未知不参与计算
ORDER BY   (保质期- DATEDIFF(DD,生产日期,GETDATE()) ) ASC
```

（4）单击工具栏中的"执行"按钮，运行结果如图5-49所示。

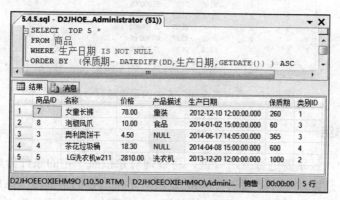

图 5-49 查询"商品"表中的记录并按保质期剩余时间排序

任务 5.5　分类汇总

5.5.1 情景描述

在学生信息管理系统中，根据用户需求，为了更清楚地查看课程情况，数据库管理人员需要统计每门课程的选课人数、每门课程的最高分、最低分及平均分。

5.5.2 问题分析

为了解决上述问题，需要完成以下任务：

（1）把课程编号相同的放在一组，有几个课程编号就分成几个小组。

（2）在每一组内统计选课人数、最高分、最低分及平均分。

5.5.3 解决方案

（1）打开 SQL Server Management Studio，单击"对象资源管理器"中的"数据库"文件夹下的数据库"学生管理"。

（2）单击工具栏中的"新建查询"按钮，打开"查询编辑器"窗口。

（3）在"查询编辑器"窗口中输入以下代码：

```
SELECT  课程编号,COUNT(*) as '选课人数',
        MAX(成绩) as '最高分', MIN(成绩) as '最低分',
        '平均分'=AVG(成绩)
FROM  选课
GROUP BY  课程编号
```

（4）单击工具栏中的"执行"按钮，运行结果如图 5-50 所示。

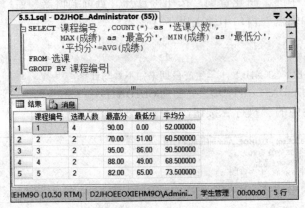

图 5-50　查询"选课"表中的记录进行分类统计

5.5.4　知识总结

在实际应用中，经常要进行分组查询，将查询对象按照一定的条件分成若干小组，然后对每一组进行汇总分析。"选课"表中存储的是所有学生选修的全部课程的成绩，如果我们要查询学生的所有课程的平均成绩，那么直接使用 AVG 函数，如果要分类查询每门课程的平均成绩，就要用到 GROUP BY 将查询结果集按照课程编号相同的规则划分成若干小组，然后在小组内求平均成绩。

GROUP BY 的语法规则为：

```
SELECT   字段列表
FROM   表名
GROUP  BY   字段名
HAVING   查询条件
```

参数说明：

- 字段名：指定分组的列名，不能使用 SELECT 列表中定义的列名来指定分组列。
- 字段列表：显示的结果集列表，只能是分组的列名和聚合函数，其他的字段不能出现。
- HAVING：对分组后的结果集进行过滤，只能用在 GROUP BY 子句的后面。
- 查询条件：与 WHERE 查询条件相同。

【例 5-42】根据"选课"表查询每门课程的平均成绩。

（1）打开 SQL Server Management Studio，在工具栏中单击"新建查询"按钮，打开 SQL 编辑器，编写如下代码：

```
SELECT   课程编号, AVG(成绩)  AS  '平均成绩'
FROM   选课
```

GROUP　BY　课程编号

（2）单击工具栏中的"执行"按钮，运行结果如图 5-51 所示。

图 5-51　查询"选课"表中的记录分组求课程平均成绩

【例 5-43】根据"班级"表查询每个专业的班级个数。

（1）打开 SQL Server Management Studio，在工具栏中单击"新建查询"按钮，打开 SQL 编辑器，编写如下代码：

```
SELECT　专业代码,COUNT(*) AS '班级个数'
FROM 班级
GROUP BY 专业代码
```

（2）单击工具栏中的"执行"按钮，运行结果如图 5-52 所示。

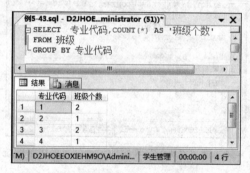

图 5-52　查询"班级"表中的记录分组求每个专业的班级数

【例 5-44】根据"学生"表查询每年出生的学生人数。

（1）打开 SQL Server Management Studio，在工具栏中单击"新建查询"按钮，打开 SQL 编辑器，编写如下代码：

```
SELECT　　　YEAR(出生日期)  '年份'，COUNT(*)　AS　'人数'
FROM　　　学生
GROUP BY　YEAR(出生日期)
```

（2）单击工具栏中的"执行"按钮，运行结果如图 5-53 所示。

说明：

① 调用 YEAR 函数计算出生日期的年份。

② 在 GROUP　BY 子句中不能用定制的列名"年份"进行分组，只能用函数计算进行分组，读者可以试验。

【例 5-45】根据"班级"表查询每个专业的班级个数，只显示班级数大于 1 的信息。

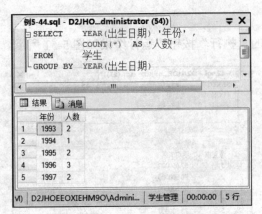

图 5-53　查询"学生"表中的记录分组求每年出生的学生人数

（1）打开 SQL Server Management Studio，在工具栏中单击"新建查询"按钮，打开 SQL 编辑器，编写如下代码：

```
SELECT   专业代码, COUNT(*)   AS   '班级个数'
FROM   班级
GROUP BY   专业代码
HAVING   COUNT(*) >1
```

（2）单击工具栏中的"执行"按钮，运行结果如图 5-54 所示。

图 5-54　查询"班级"表中的记录分组后按条件统计

说明：

① 条件"班级数大于 1"是分组统计后的条件，需要用 HAVING 来过滤查询条件，如果改用 WHERE 则会报错。

② HAVING 后的条件一般都是统计函数或常量，不能用 SELECT 子句定制的列名，即 COUNT(*)不能更换为"班级个数"。

【例 5-46】根据"教师"表查询每类职称的教师人数，只显示教师人数大于 2 的信息。

（1）打开 SQL Server Management Studio，在工具栏中单击"新建查询"按钮，打开 SQL 编辑器，编写如下代码：

```
SELECT  教师姓名,职称,COUNT(*)   AS '人数'
FROM  教师
GROUP BY  职称
HAVING COUNT(*)>2
```

（2）单击工具栏中的"执行"按钮，运行结果如图 5-55 所示。

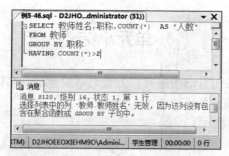

图 5-55　查询"教师"表中的记录分组后按条件统计

说明：

① 教师人数大于 2 是分组统计后的条件，所以用 HAVING 来过滤查询条件。

② 在用分组统计的时候 SELECT 列表中的列的取值只能是分组的字段"职称"和汇总函数 COUNT(*)，而字段"教师姓名"不满足这个条件，就会报错。

HAVING 语句查询和 WHERE 语句查询比较类似，都是用来过滤满足条件的行，它们之间的区别是：

① 在查询语句中的位置不同，WHERE 放在 FROM 子句的后面，HAVING 放在 GROUP BY 子句的后面。

② WHERE 语句对分组前的记录进行过滤，HAVING 语句对分组后的结果集的记录进行过滤。

③ WHERE 语句的查询条件不能使用聚合函数，而 HAVING 语句中的查询条件可以使用聚合函数。

5.5.5　应用实践

在"销售"数据库的"进货"表里统计从每个供应商进货的商品数。

（1）打开 SQL Server Management Studio，单击"对象资源管理器"中的"数据库"文件夹下的数据库"销售"。

（2）单击工具栏中的"新建查询"按钮，打开"查询编辑器"窗口。

（3）在"查询编辑器"窗口中输入以下代码：

```sql
SELECT 供应商 ID,COUNT(*) AS '商品数'
FROM   进货
GROUP BY 供应商 ID
```

（4）单击工具栏中的"执行"按钮，运行结果如图 5-56 所示。

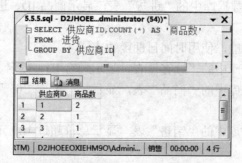

图 5-56　查询"进货"表中的记录分组求从每个供应商进货的商品数

单元小结

1．SELECT…FROM 语句查询指定列，为查询结果定制列名。

2．WHERE 子句过滤满足条件的行。

3．TOP、DISTINCT 关键字。

4．常用函数。

5．BETWEEN…AND 或 NOT BETWEEN…AND 运算符。

6．IN 或 NOT IN 运算符。

7．NULL 值表示不确定的信息，查询空值用 IS NULL，查询不是空值的记录用 IS NOT NULL。

8．用 LIKE 关键字进行模糊查询。

9．ORDER BY 对结果集排序。

10．GROUP BY 进行分组。

习题五

1．（1）查询"销售"数据库中的"商品"表，显示商品 ID、名称、价格信息，查询结果分别使用列名 PID、PName、Price 显示。

（2）为进行促销，在刚才的查询结果中添加一列，将所有商品价格打九五折，使用列名 Discount 显示。

（3）修改了促销活动，只对价格不小于 200 元的商品打九五折，请显示打折商品的信息，打折后的价格使用列名 Discount 显示，商品 ID、名称、价格信息同样使用列名 PID、PName、Price 显示。

（4）查询商品"类别 ID"信息，并去除重复记录。

2．（1）查询"销售"数据库中的"顾客"表，显示积分大于 500 分的顾客信息。

（2）查询积分大于等于 500 分、小于等于 1000 分的顾客信息，用两种方式查询。

（3）查询顾客 ID 为 2、4 的顾客信息，用两种方式查询。

（4）查询顾客 ID 不为 2、4 的顾客信息，用两种方式查询。

（5）查询顾客年龄不为空的顾客信息。

（6）查询顾客地址里包含"大学城"的顾客信息。

3．（1）查询"销售"数据库中的"进货"表，显示商品 ID、进货年份、进货月份，使用字符串函数完成。

（2）同样实现以上功能，使用时间日期函数完成。

4．查询"销售"数据库中的"顾客"表，显示顾客 ID、姓名、出生年份。

5．查询"销售"数据库中的"商品"表，显示还有大于 30 天才过期的所有商品信息以及这些商品的剩余保质期。

6．查询"销售"数据库中的"销售"表，显示总价超过 100 元的销售一共有多少次，并显示最高的销售总价。

7．（1）查询"销售"数据库中的"销售"表，对"数量"字段分别使用三种不同的次序函数生成序号。

（2）显示商品销售记录里总价前三名的信息。

8．查询"销售"数据库中的"顾客"表，显示顾客 ID、职业，并把顾客职业为 NULL 的显示为"未填写"。

9．（1）查询"销售"数据库中的"进货"表，对进货数量不小于 20 的商品按照进货时间从早到晚进行排序。

（2）对进货金额超过 1000 的按照从大到小的顺序进行排序。

（3）将"进货"表中的记录按"供应商 ID"递减的顺序排列，对供应商 ID 相同的记录按照"进货数量"递增的顺序排列。

10．（1）查询"销售"数据库中的"销售"表，显示商品 ID、每种商品的销售总数，并按商品的销售总数从大到小的顺序排序。

（2）查询"销售"数据库中的"销售"表，显示每种商品的销售总金额大于 100 的商品 ID、销售总数、销售总金额，并按销售总金额从大到小的顺序排序。

单元六　高级查询

- 内连接
- 外连接
- 交叉连接
- 子查询

任务 6.1　多表连接查询

6.1.1　情景描述

在学生信息管理系统中，需要每学期为每位老师安排教学任务。针对学校的具体情况，需要在排课时间段显示还没有排课的老师的信息，保证每位老师都有教学任务。

6.1.2　问题分析

为了解决上述问题，需要完成以下任务：

（1）查询显示所有老师的排课信息，不管有没有教学任务，都要显示老师的信息，如果有排课任务，就在"授课"表中有对应的课程编号信息；如果没有排课任务，就在对应的课程编号字段显示为 NULL。

（2）用条件"课程编号 IS NULL"过滤没有教学任务的教师信息。

（3）执行查询语句。

6.1.3　解决方案

（1）打开 SQL Server Management Studio，单击"对象资源管理器"中的"数据库"文件夹下的数据库"学生管理"。

（2）单击工具栏中的"新建查询"按钮，打开"查询编辑器"窗口。

（3）在"查询编辑器"窗口中输入以下代码：

```
SELECT    js.教师编号,教师姓名,职称,sk.班级代码,sk.课程编号
FROM      教师  AS js LEFT JOIN   授课  AS sk
              ON js.教师编号=sk.教师编号
WHERE sk.课程编号  IS NULL
```

（4）单击工具栏中的"执行"按钮，运行结果如图 6-1 所示。

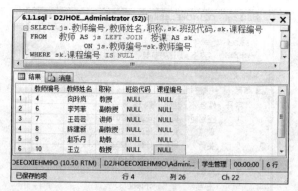

图 6-1　连接查询没有排课任务的教师信息

6.1.4　知识总结

在实际应用中，我们需要的数据往往不是在一张表中就可以找到的，要查询的数据经常要在多个数据表中才能查找到。多表连接查询实际上就是通过各个表之间公共列的关联来查询数据。多表连接查询可以区分为内连接、外连接、交叉连接。

1.　内连接

内连接（INNER JOIN）是将两个表中满足连接条件的记录组合在一起，通过比较数据源表间公共列的值从多个源表检索符合条件的行的操作。

内连接查询可以通过两种方式实现：一种在 WHERE 子句中指出连接条件；另一种使用 INNER JOIN 关键字查询。

（1）在 WHERE 子句中指出连接条件的内连接查询。

语法规则如下：

```
SELECT　字段列表
FROM　表名列表
WHERE　连接条件
```

参数说明：

● 字段列表：查询显示的字段名的列表。

● 表名列表：查询来源的表名列表，表名之间用逗号分隔。

● 连接条件：多表连接条件。

【例 6-1】在学生管理数据库中查询显示学生的学号、姓名、性别、班级名称。

1）打开 SQL Server Management Studio，在工具栏中单击"新建查询"按钮，打开 SQL 编辑器，编写如下代码：

```
SELECT　学号,姓名,性别,班级名称
FROM　学生,班级
WHERE　学生.班级编号=班级.班级代码
```

2）单击工具栏中的"执行"按钮，运行结果如图 6-2 所示。

说明：

① FROM 子句中的表名是要查询的字段所在的表。

② 可以通过"表名.列名"来引用表中的列，防止两个表中都有同样的字段，引起歧义。

③ 可以在表名的后面使用 AS 关键字来为表定制表别名，那么就可以用"表别名.列名"来引用表中的列。

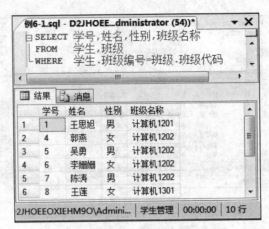

图 6-2　使用 WHERE 内连接查询

【例 6-2】在学生管理数据库中查询显示班级代码、班级名称、专业代码、专业名称。

1）打开 SQL Server Management Studio，在工具栏中单击"新建查询"按钮，打开 SQL 编辑器，编写如下代码：

```
SELECT 班级代码,班级名称,b.专业代码,专业名称
FROM 班级 AS b,专业 AS z
WHERE b.专业代码=z.专业代码
```

2）单击工具栏中的"执行"按钮，运行结果如图 6-3 所示。

图 6-3　使用表别名进行两表查询

说明：

① 表名后面用 AS 关键字对表重命名，用 b 代替"班级"表，用 z 代替"专业"表。

② 使用"表别名.列名"来区分"班级"表和"专业"表共有的"专业代码"列。

【例 6-3】在学生管理数据库中查询显示学号、姓名、课程编号、课程名、成绩。

1）打开 SQL Server Management Studio，在工具栏中单击"新建查询"按钮，打开 SQL 编辑器，编写如下代码：

```
SELECT xs.学号,姓名,kc.课程编号,课程名称,成绩
FROM 选课 AS xk,学生 AS xs,课程 AS kc
WHERE xk.学号=xs.学号 AND xk.课程编号=kc.课程编号
```

2）单击工具栏中的"执行"按钮，运行结果如图 6-4 所示。

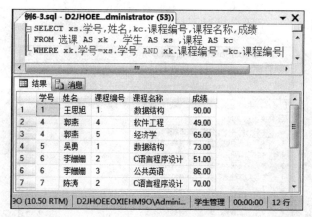

图 6-4　三个表连接查询

说明：

① 查询显示的结果在"选课"表、"学生"表和"课程"表 3 张表中。

② 表名后面用 AS 关键字对表重命名，用 xk 代替"选课"表，用 xs 代替"学生"表，用 kc 代替"课程"表。

③ "选课"表和"学生"表都有"学号"字段，在查询语句中使用到"学号"字段，就用"表别名.列名"来区分是哪个表中的列；同理，也要区分"选课"表和"课程"表的公共字段"课程编号"。

④ 在 WHERE 的连接条件中是三个表的连接，区分表之间关联的列，"选课"表和"学生"表之间的关联，"选课"表与"课程"表之间有关联，使用 AND 运算符将两个关联条件组合在一起。

（2）使用 INNER JOIN 关键字查询。

语法格式如下：

```
SELECT   字段列表
FROM   表名 1 INNER   JOIN 表名 2   ON  表名 1.字段名=表名 2.字段名
```

参数说明：

● 字段列表：查询显示的字段名的列表。

● 表名 1、表名 2：查询来源的两个表，中间用 INNER JOIN 关键字连接，INNER 可以省略。

● ON：ON 关键字后面是连接条件。

● 表名 1.字段名、表名 2.字段名：两个表的公共列。

【例 6-4】在学生管理数据库中查询显示学生的学号、姓名、性别、班级名称。

1）打开 SQL Server Management Studio，在工具栏中单击"新建查询"按钮，打开 SQL 编辑器，编写如下代码：

```
SELECT   学号,姓名,性别,班级名称
FROM   学生 AS xs INNER JOIN 班级 AS bj  ON   xs.班级编号=bj.班级代码
```

2）单击工具栏中的"执行"按钮，运行结果如图 6-5 所示。

说明：

① INNER 可以省略。

② 两个表的公共字段为"学生"表的"班级编号"和"班级"表的"班级代码"，公共

字段保存的信息是相同的，字段名可以不相同。

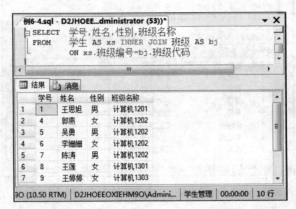

图 6-5　使用 INNER JOIN 内连接查询

【例 6-5】在学生管理数据库中查询显示教师的编号、姓名、学历、系部名称。

1）打开 SQL Server Management Studio，在工具栏中单击"新建查询"按钮，打开 SQL 编辑器，编写如下代码：

```
SELECT js.教师编号,js.教师姓名,js.学历,xb.系部名称
FROM  教师 AS js JOIN   系部 AS xb   ON xb.系部代码=js.系部代码
```

2）单击工具栏中的"执行"按钮，运行结果如图 6-6 所示。

图 6-6　使用 JOIN 内连接查询

说明：

① INNER 省略。

② 为了方便查看每个字段所在的表，可以在每个字段前面加上表别名。

【例 6-6】在学生管理数据库中查询显示学号、姓名、课程编号、课程名、成绩。

1）打开 SQL Server Management Studio，在工具栏中单击"新建查询"按钮，打开 SQL 编辑器，编写如下代码：

```
SELECT   xs.学号,xs.姓名, kc.课程编号,kc.课程名称,xk.成绩
FROM    选课 AS xk JOIN 学生 AS xs ON xk.学号 =xs.学号
        JOIN   课程 AS kc ON xk.课程编号 =kc.课程编号
```

2）单击工具栏中的"执行"按钮，运行结果如图 6-7 所示。

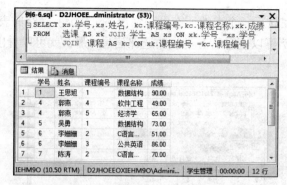

图 6-7　使用 JOIN 对三个表连接查询

说明：

① INNER 省略。

② 为了方便查看每个字段所在的表，可以在每个字段前面加上表别名。

③ 显示的字段在三张表中，先让两个表使用 JOIN 命令，在 ON 连接条件的后面再用 JOIN 连接第三张表，后面用连接条件 ON 指出与第三张表的连接条件。

2. 外连接

外连接（OUTER JOIN）经常用于相连接的表中至少有一个表需要显示所有的行，除了包括满足搜索条件的连接表中的所有行，甚至包括在其他连接表中没有匹配行的一个表中的行。由于显示所有行的表不同，又分为左外连接、右外连接、完全外连接。

（1）左外连接（LEFT OUTER JOIN）：包括 JOIN 子句中左侧表中的所有行，不管是否满足连接条件都会显示出来。右表中的行与左表中的行没有匹配时，将为来自右表的所有结果集列赋以 NULL 值。语法规则如下：

```
SELECT　字段列表
FROM　表名 1　LEFT OUTER JOIN　表名 2　ON　表名 1.字段名=表名 2.字段名
```

参数说明：

● 字段列表：查询显示的字段名的列表。

● 表名 1、表名 2：查询来源的两个表，中间用 LEFT OUTER JOIN 关键字连接，OUTER 关键字可以省略。

● ON：ON 关键字后面是连接条件。

● 表名 1.字段名、表名 2.字段名：两个表的公共列。

【例 6-7】在学生管理数据库中查询显示所有学生的学号、姓名、课程编号、成绩。

1）打开 SQL Server Management Studio，在工具栏中单击"新建查询"按钮，打开 SQL 编辑器，编写如下代码：

```
SELECT　xs.学号,xs.姓名, xk.课程编号,xk.成绩
FROM　学生 AS xs LEFT JOIN 选课 AS xk　ON xk.学号 =xs.学号
```

2）单击工具栏中的"执行"按钮，运行结果如图 6-8 所示。

说明：

① OUTER 省略。

② 为了方便查看每个字段所在的表，可以在每个字段前面加上表别名。

③ 学生所有行都被显示出来，学号为 10、11、12 的学生在"选课"表中没有满足条件的行，在对应表的位置上赋以 NULL。

④ 外连接主要用在显示一个表的所有行的情况下，显示所有行的表放在 LEFT JOIN 的左边，就是左外连接，此例可以查看所有学生的选课信息，那么就可以看出有三个学生一门课都没有选。

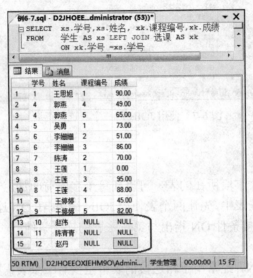

图 6-8　使用左外连接查询

【例 6-8】在学生管理数据库中查询还没有学生的班级信息。

1）打开 SQL Server Management Studio，在工具栏中单击"新建查询"按钮，打开 SQL 编辑器，编写如下代码：

```
SELECT    bj.班级代码,bj.班级名称 ,xs.学号,xs.姓名
FROM    班级 AS bj LEFT JOIN 学生 AS   xs ON bj.班级代码=xs.班级编号
```

2）单击工具栏中的"执行"按钮，运行结果如图 6-9 所示。

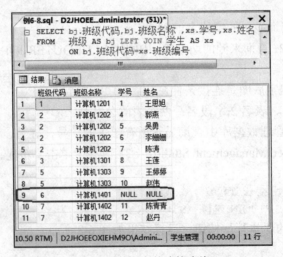

图 6-9　使用左外连接查询

说明：

① 题目要求查询没有学生的班级信息，"班级"表中的所有行都被显示，如果有学生，对应的学号、姓名就有值；没有学生，对应位置的值为 NULL。可以看出，班级编号为 6 的班

级一个学生都没有。如果信息量太大，可以在语句最后用"WHERE　学号　IS NULL"来过滤空行，只显示没有学生的班级记录。

② 为了方便查看每个字段所在的表，可以在每个字段前面加上表别名。

③ OUTER 省略。

（2）右外连接（RIGHT OUTER JOIN）：包含 JOIN 子句中最右侧表的所有行。如果右侧表中的行与左侧表中的行不匹配时，则将结果集中来自左侧表的所有列分配 NULL 值。语法规则如下：

```
SELECT  字段列表
FROM  表名 1   RIGHT OUTER JOIN  表名 2   ON  表名 1.字段名=表名 2.字段名
```

参数说明：

- 字段列表：查询显示的字段名的列表。
- 表名 1、表名 2：查询来源的两个表，中间用 RIGHT OUTER JOIN 关键字连接，OUTER 关键字可以省略。
- ON：ON 关键字后面是连接条件。
- 表名 1.字段名、表名 2.字段名：两个表的公共列。

【例 6-9】在学生管理数据库中查询显示所有学生的课程编号、成绩、学号、姓名。

1）打开 SQL Server Management Studio，在工具栏中单击"新建查询"按钮，打开 SQL 编辑器，编写如下代码：

```
SELECT   xk.课程编号,xk.成绩,xs.学号, xs.姓名
FROM   选课 AS xk RIGHT JOIN 学生 AS   xs  ON xk.学号 =xs.学号
```

2）单击工具栏中的"执行"按钮，运行结果如图 6-10 所示。

图 6-10　使用右外连接查询

说明：

① 显示所有行的表放在 RIGHT JOIN 的右边，就是右外连接，此例还是可以查看所有学生的选课信息，那么就可以看出有三个学生一门课都没有选。

② RIGHT JOIN 右边的学生表所有行都被显示出来，学号为 10、11、12 的学生在选课表

中没有满足条件的行，在对应表的位置上赋以 NULL。

③ 与图 6-8 比较，结果相同，列出现的顺序对结果集是没有影响的。

【例 6-10】在学生管理数据库中查询还没有学生的班级信息。

1）打开 SQL Server Management Studio，在工具栏中单击"新建查询"按钮，打开 SQL 编辑器，编写如下代码：

```
SELECT    bj.班级代码,bj.班级名称 ,xs.学号,xs.姓名
 FROM    学生 AS  xs RIGHT JOIN 班级  AS bj    ON bj.班级代码=xs.班级编号
WHERE    xs.学号  IS NULL
```

2）单击工具栏中的"执行"按钮，运行结果如图 6-11 所示。

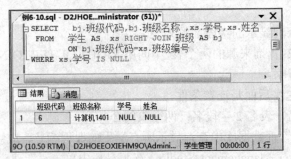

图 6-11   使用右外连接查询

说明：

① 题目要求查询没有学生的班级信息，"班级"表中的所有行都被显示，无论与左边表有没有匹配行，如果没有，对应的"学生"表中的字段被赋以 NULL，最后用 WHERE 条件过滤学生为空的记录。

② 左外连接和右外连接可以实现相同的功能，左外连接就把显示所有行的表放在 LEFT JOIN 的左边，右外连接就把显示所有行的表放在 RIGHT JOIN 的右边。

（3）完全外连接（FULL OUTER JOIN）：包含 JOIN 两边表的所有行，不论另一个表是否有匹配的值。如果没有匹配值，则分别将来自两侧表的所有列分配 NULL 值。语法规则如下：

```
SELECT   字段列表
FROM    表名 1   FULL OUTER JOIN  表名 2    ON  表名 1.字段名=表名 2.字段名
```

参数说明：

● 字段列表：查询显示的字段名的列表。

● 表名 1、表名 2：查询来源的两个表，中间用 FULL OUTER JOIN 关键字连接，OUTER 关键字可以省略。

● ON：ON 关键字后面是连接条件。

● 表名 1.字段名、表名 2.字段名：两个表的公共列。

【例 6-11】在学生管理数据库中查询所有教师和所有系部的教师编号、教师姓名、教师职称、系部代码、系部名称。

1）打开 SQL Server Management Studio，在工具栏中单击"新建查询"按钮，打开 SQL 编辑器，编写如下代码：

```
SELECT    js.教师编号,js.教师编号,js.职称,xb.系部代码,xb.系部名称
FROM    教师  AS js FULL JOIN  系部  AS xb    ON js.系部代码=xb.系部代码
```

2）单击工具栏中的"执行"按钮，运行结果如图 6-12 所示。

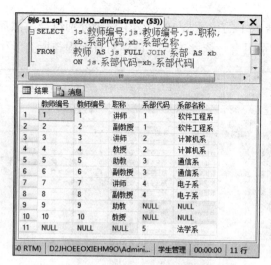

图 6-12　使用完全外连接查询

说明：

① 题目要求查询所有教师和所有系部的信息，两个表中的所有行都要显示，所以用完全外连接。

② "教师"表的所有记录都显示，"系部"表中没有匹配记录时即该教师没有分配系部的时候，对应系部信息值为 NULL，如教师编号为 9 和 10 的记录。

③ "系部"表的所有记录都显示，"教师"表中没有匹配记录时即该系部还没有教师的时候，对应值为 NULL，如系部代码为 5 的记录。

④ 完全外连接就是对两个表先做左外连接，再做右外连接，然后对两个结果集求并集，读者可以自行实验。

3．交叉连接

交叉连接返回一个表的所有行与另一个表的所有行的一一组合，结果集的个数为两个表的记录的个数的乘积。

交叉连接可以通过两种方式实现：一种直接在 FROM 子句中写出连接的表名；另一种使用 CROSS JOIN 关键字查询。

（1）直接在 FROM 子句中写出连接表名。

语法规则如下：

```
SELECT   字段列表
FROM   表名列表
```

【例 6-12】在学生管理数据库中查询"课程"表和"学生"表的记录的两两组合。

1）打开 SQL Server Management Studio，在工具栏中单击"新建查询"按钮，打开 SQL 编辑器，编写如下代码：

```
SELECT   课程编号,课程名称,开课学期,课程分类,学号,姓名,性别
FROM   课程,学生
```

2）单击工具栏中的"执行"按钮，运行结果如图 6-13 所示。

说明：

① FROM 子句有两个表，没有 WHERE 条件的情况下，实现了两个表的两两组合。

② "课程"表有 5 条记录，"学生"表有 10 条记录，查询结果有 50 条记录。

③“课程”表的编号为 1 的记录与 10 个学生记录分别组合，然后再用课程编号为 2 的记录与 10 个学生的记录分别组合，依此方式，直到所有课程与所有学生的记录都组合一遍。

	课程编号	课程名称	开课学期	课程分类	学号	姓名	性别
1	1	数据结构	第三学期	专业拓展	1	王思旭	男
2	1	数据结构	第三学期	专业拓展	4	郭燕	女
3	1	数据结构	第三学期	专业拓展	5	吴勇	男
4	1	数据结构	第三学期	专业拓展	6	李姗姗	女
5	1	数据结构	第三学期	专业拓展	7	陈涛	男
6	1	数据结构	第三学期	专业拓展	8	王莲	女
7	1	数据结构	第三学期	专业拓展	9	王婷婷	女
8	1	数据结构	第三学期	专业拓展	10	赵伟	男
9	1	数据结构	第三学期	专业拓展	11	陈青青	女
10	1	数据结构	第三学期	专业拓展	12	赵丹	女
11	2	C语言程序设计	第一学期	专业拓展	1	王思旭	男
12	2	C语言程序设计	第一学期	专业拓展	4	郭燕	女
13	2	C语言程序设计	第一学期	专业拓展	5	吴勇	男
14	2	C语言程序设计	第一学期	专业拓展	6	李姗姗	女
15	2	C语言程序设计	第一学期	专业拓展	7	陈涛	男

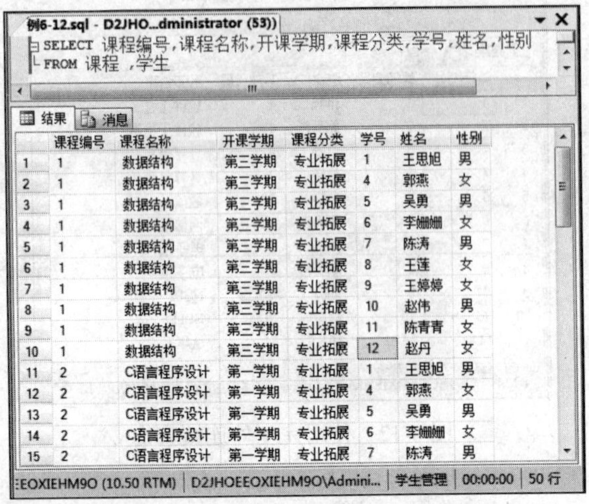

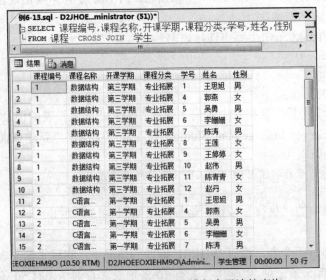

图 6-13　使用 FROM 进行交叉连接查询

（2）使用 CROSS JOIN 连接。

语法规则如下：

```
SELECT  字段列表
FROM  表名 1  CROSS  JOIN  表名 2
```

【例 6-13】在学生管理数据库中查询“课程”表和“学生”表的记录的两两组合，使用 CROSS JOIN 实现。

1）打开 SQL Server Management Studio，在工具栏中单击“新建查询”按钮，打开 SQL 编辑器，编写如下代码：

```
SELECT  课程编号,课程名称,开课学期,课程分类,学号,姓名,性别
FROM  课程  CROSS JOIN  学生
```

2）单击工具栏中的“执行”按钮，运行结果如图 6-14 所示。

	课程编号	课程名称	开课学期	课程分类	学号	姓名	性别
1	1	数据结构	第三学期	专业拓展	1	王思旭	男
2	1	数据结构	第三学期	专业拓展	4	郭燕	女
3	1	数据结构	第三学期	专业拓展	5	吴勇	男
4	1	数据结构	第三学期	专业拓展	6	李姗姗	女
5	1	数据结构	第三学期	专业拓展	7	陈涛	男
6	1	数据结构	第三学期	专业拓展	8	王莲	女
7	1	数据结构	第三学期	专业拓展	9	王婷婷	女
8	1	数据结构	第三学期	专业拓展	10	赵伟	男
9	1	数据结构	第三学期	专业拓展	11	陈青青	女
10	1	数据结构	第三学期	专业拓展	12	赵丹	女
11	2	C语言...	第一学期	专业拓展	1	王思旭	男
12	2	C语言...	第一学期	专业拓展	4	郭燕	女
13	2	C语言...	第一学期	专业拓展	5	吴勇	男
14	2	C语言...	第一学期	专业拓展	6	李姗姗	女
15	2	C语言...	第一学期	专业拓展	7	陈涛	男

图 6-14　使用 CROSS JOIN 进行交叉连接查询

说明：

① 两个表用 CROSS JOIN 连接，则不能用 ON 来指出连接条件。

② 没有连接条件，实现的与图 6-13 结果相同。

6.1.5 应用实践

在"销售"数据库中查询还没有供过货的供应商的名单。

（1）打开 SQL Server Management Studio，单击"对象资源管理器"中的"数据库"文件夹下的数据库"销售"。

（2）单击工具栏中的"新建查询"按钮，打开"查询编辑器"窗口。

（3）在"查询编辑器"窗口中输入以下代码：

```sql
SELECT   gys.供应商 ID,gys.名称,gys.地址,gys.电话,jh.商品 ID
FROM     进货 AS jh   RIGHT JOIN 供应商 AS gys
         ON gys.供应商 ID =jh.供应商 ID
WHERE    jh.商品 ID IS NULL
```

（4）单击工具栏中的"执行"按钮，运行结果如图 6-15 所示，在"进货"表中没有对应的供应商的商品信息，对应的商品 ID 为 NULL，则表示从未向此供应商进货。

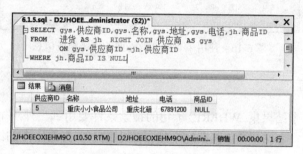

图 6-15 连接查询未进货的供应商信息

任务 6.2 使用子查询

6.2.1 情景描述

根据学生信息管理系统的需求，开发团队需要显示"软件技术"专业和"硬件技术"专业都由哪些班级组成，可用子查询的方式实现。

6.2.2 问题分析

为了解决上述问题，需要完成以下任务：

（1）根据条件"专业名称"查找"专业"表中对应的专业代码。

（2）根据找到的专业代码在"班级"表中查找专业代码对应的班级信息。

（3）把两条语句合并为子查询的语句。

6.2.3 解决方案

（1）打开 SQL Server Management Studio，单击"对象资源管理器"中的"数据库"文件

夹下的数据库"学生管理"。

（2）单击工具栏中的"新建查询"按钮，打开"查询编辑器"窗口。

（3）在"查询编辑器"窗口中输入以下代码：

```
SELECT *
FROM 班级
WHERE 专业代码 IN (SELECT  专业代码
                FROM 专业
                WHERE 专业名称 IN('软件技术','硬件技术'))
```

（4）单击工具栏中的"执行"按钮，运行结果如图 6-16 所示，与图 5-8 比较结果是否相同。

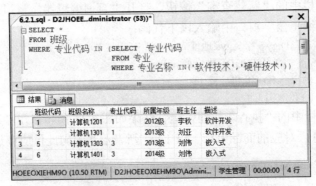

图 6-16 使用子查询获取专业的班级组成信息

6.2.4 知识总结

有时候，查询一个结果集 WHERE 子句的搜索条件要用到另外一个查询的结果，那么就先通过一个查询得到一个结果集，再在这个结果集中进一步查询所要的结果，这样的查询就是子查询。

子查询就是一个嵌套在 SELECT、INSERT、UPDATE 或 DELETE 语句或其他子查询中的查询，这个子查询需要用括号括起来，其结果作为另外一个查询（外部查询）的条件。

子查询可以把一个复杂的查询分解成一系列的逻辑步骤，利用单个语句的组合解决复杂的查询问题，如单元五的任务 1.2 的解决方案，就是用两步来实现的查询结果，第一个查询的结果就作为第二个查询的条件，就可以用子查询的方式实现。

子查询经常使用关系运算符、IN 关键字和 EXISTS 关键字。

1．子查询使用关系运算符

如果子查询返回的是一个值，可以使用关系运算符进行比较。

【例 6-14】在学生管理数据库中查询软件 1202 班的学生的学号、姓名、性别、出生日期。

（1）打开 SQL Server Management Studio，在工具栏中单击"新建查询"按钮，打开 SQL 编辑器，编写如下代码：

```
SELECT 学号,姓名,性别,出生日期
FROM 学生
WHERE 班级编号=(SELECT 班级代码
                FROM 班级
                WHERE 班级名称='计算机 1202')
```

（2）单击工具栏中的"执行"按钮，运行结果如图 6-17 所示。

图 6-17 子查询使用关系运算符

说明：

① 语句中小括号内的子查询也叫内部查询，作为连接条件，括号外面的语句是外部查询。

② 先由内部查询得出此班的班级代码，再由这个班级代码得到该班的学生信息。

【例 6-15】在学生管理数据库中查询所有分配了系部并且系部名称不是"通信系"的教师信息。

（1）打开 SQL Server Management Studio，在工具栏中单击"新建查询"按钮，打开 SQL 编辑器，编写如下代码：

```
SELECT *
FROM    教师
WHERE  系部代码<>(SELECT  系部代码
            FROM    系部
            WHERE  系部名称='通信系')
            AND  系部代码  IS NOT NULL
```

（2）单击工具栏中的"执行"按钮，运行结果如图 6-18 所示。

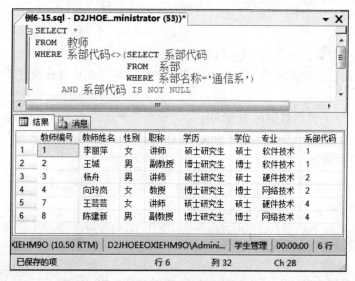

图 6-18 子查询使用关系运算符

说明：

① 括号内是子查询。

② 外部查询有两个条件："有系部信息"通过条件"系部代码 IS NOT NULL"来过滤，

"不是通信系"这个条件就要用到括号内的子查询，求出通信系的系部代码，再用不等号< >或者!=比较结果。

【例 6-16】在学生管理数据库中查询成绩高于课程编号为 5 的课程平均成绩的选课记录。

（1）打开 SQL Server Management Studio，在工具栏中单击"新建查询"按钮，打开 SQL 编辑器，编写如下代码：

```
SELECT *
FROM  选课
WHERE  成绩 >(SELECT AVG(成绩)
          FROM  选课
          WHERE  课程编号=5)
```

（2）单击工具栏中的"执行"按钮，运行结果如图 6-19 所示。

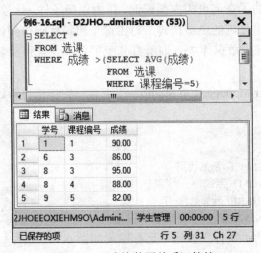

图 6-19　子查询使用关系运算符

说明：

① 括号内是子查询，子查询中也可以使用聚合函数。

② 先用子查询求出课程编号为 5 的课程平均成绩，再求出成绩比此平均成绩还高的选课信息。

【例 6-17】在学生管理数据库中查询年龄大于男生平均年龄的学生信息。

（1）打开 SQL Server Management Studio，在工具栏中单击"新建查询"按钮，打开 SQL 编辑器，编写如下代码：

```
SELECT *
FROM  学生
WHERE DATEDIFF(yy,出生日期,GETDATE())>
          (SELECT AVG(DATEDIFF(yy,出生日期,GETDATE())))
          FROM  学生
          WHERE  性别='男')
```

（2）单击工具栏中的"执行"按钮，运行结果如图 6-20 所示。

说明：

① 子查询得出的结果是男生的平均年龄。

② 外部查询的条件用函数计算出学生的年龄大于子查询的结果。

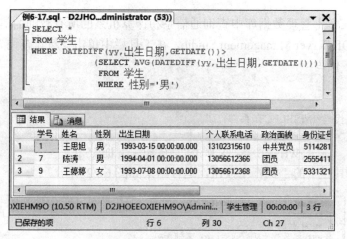

图 6-20　子查询使用关系运算符

2. 子查询使用 IN 关键字

有些子查询会产生一个值，这样可以在查询条件中使用关系运算符进行比较，但是有些子查询返回的是一组值，那么就要用 IN 关键字来匹配子查询的结果。

【例 6-18】在学生管理数据库中查询成绩高于 85 分的学生的学号、姓名、性别、出生日期。

（1）打开 SQL Server Management Studio，在工具栏中单击"新建查询"按钮，打开 SQL 编辑器，编写如下代码：

```
SELECT  学号,姓名,性别,出生日期
FROM  学生
WHERE  学号 IN(SELECT 学号
             FROM 选课
             WHERE 成绩>85)
```

（2）单击工具栏中的"执行"按钮，运行结果如图 6-21 所示。

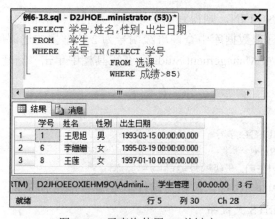

图 6-21　子查询使用 IN 关键字

说明：

① 查询显示的字段和查询的条件不在一张表中，所以要分两步：先在选课表中查询成绩大于 85 的学号；再用子查询的结果作为外部查询的条件。

② 子查询的结果有 3 个，用 IN 来匹配结果集。

【例 6-19】在学生管理数据库中查询通信系和计算机系的所有教师的信息。

（1）打开 SQL Server Management Studio，在工具栏中单击"新建查询"按钮，打开 SQL 编辑器，编写如下代码：

```
SELECT *
FROM   教师
WHERE  系部代码  IN(SELECT 系部代码
                 FROM 系部
                 WHERE  系部名称  IN('通信系','计算机系'))
```

（2）单击工具栏中的"执行"按钮，运行结果如图 6-22 所示。

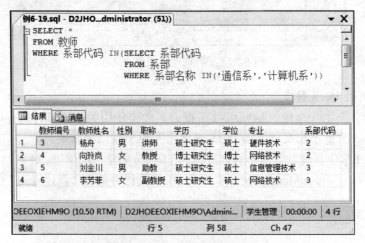

图 6-22   子查询使用 IN 关键字

说明：

① 先用子查询得到通信系和计算机系的系部代码，再根据系部代码得到这两个系的教师信息。

② 如果把 IN 换成 NOT IN，则得到不是这两个系的教师的信息。

【例 6-20】在学生管理数据库中查询班级编号为 2 的学生的选课成绩。

（1）打开 SQL Server Management Studio，在工具栏中单击"新建查询"按钮，打开 SQL 编辑器，编写如下代码：

```
SELECT *
FROM   选课
WHERE  学号  IN (SELECT 学号
               FROM 学生
               WHERE  班级编号=2)
```

（2）单击工具栏中的"执行"按钮，运行结果如图 6-23 所示。

3. 子查询使用 EXISTS 关键字

带 EXISTS 关键字的子查询不返回任何实际数据，EXISTS 只关注子查询是否返回行，仅测试子查询是否有记录返回。如果子查询返回的记录为空，EXISTS 子查询返回 FALSE；如果子查询返回的记录不为空，EXISTS 子查询返回 TRUE。

NOT EXISTS 子查询刚好相反，如果子查询返回的有记录，则返回 FALSE；如果子查询返回的没有记录，则返回 TRUE。

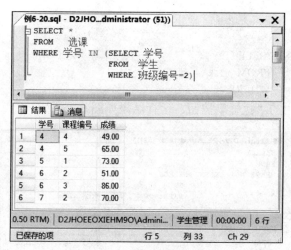

图 6-23 子查询使用 IN 关键字

【例 6-21】在学生管理数据库中查询班级编号为 2 的学生的选课成绩,用 EXISTS 实现。

(1) 打开 SQL Server Management Studio,在工具栏中单击"新建查询"按钮,打开 SQL 编辑器,编写如下代码:

```
SELECT *
FROM   选课
WHERE EXISTS(SELECT *
        FROM   学生
        WHERE  班级编号=2 AND 选课.学号=学生.学号)
```

(2) 单击工具栏中的"执行"按钮,运行结果如图 6-24 所示。

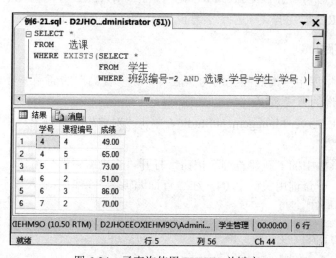

图 6-24 子查询使用 EXISTS 关键字

说明:

① EXISTS 关键字查询可以用 IN 来实现,与图 6-23 比较,查询结果相同。

② EXISTS 子查询中的查询条件"选课.学号=学生.学号"不能省略。

【例 6-22】在学生管理数据库中查询没有选课的学生的信息。

(1) 打开 SQL Server Management Studio,在工具栏中单击"新建查询"按钮,打开 SQL 编辑器,编写如下代码:

```
SELECT *
FROM 学生
WHERE   NOT   EXISTS(SELECT *
                    FROM 选课
                    WHERE 学生.学号=选课.学号)
```

（2）单击工具栏中的"执行"按钮，运行结果如图 6-25 所示。

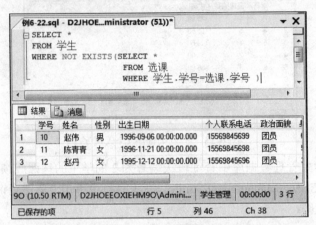

图 6-25   子查询使用 NOT EXISTS 关键字

说明：

① NOT EXISTS 子查询是在"选课"表中查询不存在选课记录的学生，如果有没有选课的记录，则返回 TRUE，外部查询显示没有选课的学生信息。

② 语句可以用语句"SELECT * FROM 学生 WHERE 学号 NOT IN(SELECT 学号 FROM 选课 WHERE 学生.学号=选课.学号)"来代替，功能相同。

6.2.5 应用实践

在"销售"数据库中查询商品类别为"服装"和"食品"的商品编号、商品名称、价格信息。用两种子查询的方式实现。

（1）打开 SQL Server Management Studio，单击"对象资源管理器"中的"数据库"文件夹下的数据库"销售"。

（2）单击工具栏中的"新建查询"按钮，打开"查询编辑器"窗口。

（3）方法一：子查询用关键字 IN，在"查询编辑器"窗口中输入以下代码：

```
SELECT 商品 ID,名称,价格
FROM 商品
WHERE 类别 ID IN(SELECT 类别 ID
                FROM 商品类型
                WHERE 类别名称 IN('服装','食品'))
```

方法二：子查询用关键字 EXISTS，在"查询编辑器"窗口中输入以下代码：

```
SELECT 商品 ID,名称,价格
FROM 商品
WHERE EXISTS(SELECT 类别 ID
            FROM 商品类型
            WHERE 类别名称 IN('服装','食品') AND 商品.类别 ID=商品类型.类别 ID)
```

（4）单击工具栏中的"执行"按钮，运行结果如图 6-26 所示，两种方式实现的查询结果相同。

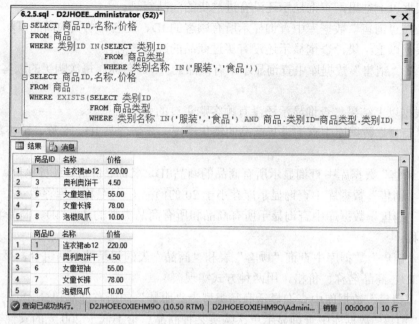

图 6-26　使用 IN 子查询和 EXISTS 子查询

单元小结

1．JOIN…ON 内连接查询从多个表中查询数据。

2．FROM 后面用多个表，WHERE 指定连接条件，从多个表中查询数据。

3．LEFT OUTER JOIN…ON 左外连接返回左边表的所有行与右边表的匹配行。

4．RIGHT OUTER JOIN…ON 右外连接返回右边表的所有行与左边表的匹配行。

5．FULL OUTER JOIN…ON 完全外连接返回两个表的匹配行与不匹配行。

6．CROSS JOIN 交叉连接返回第一个表的每行与第二个表的每行的连接。

7．子查询用比较操作符。

8．子查询用 IN 或 NOT IN 关键字。

9．子查询用 EXISTS 关键字。

习题六

1．在"销售"数据库中查询显示商品 ID、名称、价格、类别名称，用两种方式实现。

2．在"销售"数据库中查询显示进了货的商品 ID、名称、价格、供应商名称，用两种方式实现。

3．在"销售"数据库中查询显示销售了的商品 ID、名称、数量、顾客姓名，用两种方式实现。

4．在"销售"数据库中查询显示进货商品里剩余保质期超过 30 天的商品 ID、名称、价格、剩余保质期。

5．（1）在"销售"数据库中查询显示所有商品的 ID、名称、价格、供应商 ID。

（2）根据以上结果，查询显示还没有进过货的商品信息。

6．（1）在"销售"数据库中查询显示所有顾客的 ID、姓名、购买的商品 ID、数量。

（2）根据以上结果，查询显示还没有买过商品的顾客信息。

7．（1）在"销售"数据库中查询显示所有商品的 ID、名称、每次购买的顾客 ID、购买的数量。

（2）根据以上结果，查询显示还没有顾客购买过的商品信息。

8．在"销售"数据库中查询进货商品的销售情况，显示商品 ID、名称、销售数量、销售时间。

9．在"销售"数据库中查询显示所有商品的商品 ID、名称、价格、进货单价、销售数量。

10．在"销售"数据库中查询显示库存小于 20 的商品 ID、名称、库存数量。

11．在"销售"数据库中查询显示所有商品和所有商品类型的商品 ID、商品名称、类别 ID、类别名称。

12．在"销售"数据库中查询"顾客"表和"商品"表的记录的两两组合，显示顾客 ID、姓名、商品 ID、商品名称、价格，用两种方式实现。

13．在"销售"数据库中查询显示商品类型为"服装"的所有商品记录。

14．在"销售"数据库中查询显示单次购买某种商品总价不低于 200 元的女性客户的所有信息。

15．在"销售"数据库中查询显示购买了商品且积分不小于 1000 的顾客 ID、商品 ID、总价，用两种子查询的方式实现。

16．在"销售"数据库中查询显示供应商不为"海尔电器"的商品 ID、名称、价格、生产日期。

单元七　索引和视图

学习目标

● 创建和管理索引
● 创建和管理视图

任务 7.1　创建和管理索引

7.1.1　情景描述

在学生信息管理系统的实际应用中，课程信息量会随着时间越来越大，因此数据库开发人员需要提高查询课程信息的速度。在系统里经常需要按照课程名称和课程性质来查询课程信息，那么可以在"课程"表的"名称"字段和"课程性质"字段上创建索引。

7.1.2　问题分析

为了解决上述问题，需要完成以下任务：

（1）写出在"课程"表的"课程名称"列上创建唯一非聚集索引"IX_课程_课程名称"的语句。

（2）写出在"课程"表的"课程性质"列上创建非聚集索引"IX_课程_课程性质"的语句。

（3）执行上述语句。

7.1.3　解决方案

（1）打开 SQL Server Management Studio，单击"对象资源管理器"中的"数据库"文件夹下的数据库"学生管理"。

（2）单击工具栏中的"新建查询"按钮，打开"查询编辑器"窗口。

（3）在"查询编辑器"窗口中输入以下代码：

```
CREATE UNIQUE NONCLUSTERED INDEX IX_课程_课程名称
ON  课程(课程名称)

CREATE NONCLUSTERED INDEX IX_课程_课程类型
ON  课程(课程性质)
```

（4）单击工具栏中的"执行"按钮，运行结果如图 7-1 所示。

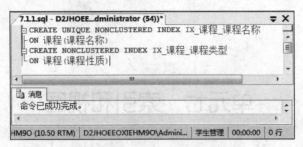

图 7-1　在"课程"表上创建索引

7.1.4　知识总结

1. 索引的用途

当用户要从表中查找满足条件的记录时，服务器要扫描表中存储的所有数据，随着数据量的不断增加，查询的执行时间也会越来越长。为了确保用户能够以最少的时间访问数据，数据库可以通过创建索引的方式来完成。

索引是为了加快对表中数据的检索速度而创建的一种单独的、物理的数据结构。数据库中的索引类似于字典的部首查字法和拼音查字法，通过索引，可以使得应用程序像快速从字典中查找你要的字一样，而不必对整个表中的记录一个个查看才能找到所需的记录。

使用索引能够改善数据库的性能，主要有以下几个方面：

● 可以加快数据的查询速度。
● 唯一索引可以保证记录的唯一性。
● 可以加快表与表之间的连接。
● 在排序、分组的时候可以减少排序、分组的时间。

但是索引并不是越多越好，因为索引本身也要占用存储空间，并且表中的数据也一直在发生变化，当表中数据发生变化的时候，数据库还要执行额外的操作来维护索引，所以要科学地设计索引，不要对经常需要更新的表创建过多的索引，对表中数据量很大又不需要经常更新的表创建索引才能真正提高数据库的性能。

2. 索引的分类

（1）按照索引的存储结构，索引可以分为聚集索引和非聚集索引。

在聚集索引中，表中记录的物理存储顺序与索引逻辑顺序完全相同，即索引文件的顺序决定了表中记录的存储顺序，如字典的拼音查字法，汉字的拼音在目录中的顺序决定了汉字在字典中的顺序。表中记录的存储顺序只能有一种，所以一个表中只能有一个聚集索引。

当创建一个表时，如果指定了主键，则会自动为表创建一个聚集索引。如果没有创建主键，可以手动为表创建一个聚集索引，当创建了聚集索引之后，再为表设置主键，那么创建主键的过程中将为表自动添加一个非聚集索引。

非聚集索引并不是在物理上排列表中的记录，索引文件的顺序与表中行的顺序并不相同，如字典的部首查字法，汉字的部首在目录中的顺序与汉字在字典中的顺序是不一致的。一个表的非聚集索引可以有多个。

（2）按照索引取值，索引可以分为唯一索引和非唯一索引。

唯一索引确保实现索引的列的取值不包含重复的数据。非唯一索引则刚好相反，可以包含重复的数据。

在创建主键的时候，如果表中还没有索引，会自动创建一个唯一聚集索引；如果表中已经存在聚集索引，那么创建主键的时候会自动为表创建一个唯一非聚集索引。

创建唯一约束的时候，会自动为表创建一个唯一非聚集索引。

3．创建索引

使用 CREATE INDEX 语句创建索引的语法格式如下：

CREATE [UNIQUE] [CLUSTERED|NONCLUSTERED]　INDEX 索引名
ON　表名 (列名)

参数说明：

- UNIQUE：指定创建唯一索引，如果省略，则表示创建非唯一索引。
- CLUSTERED、NONCLUSTERED：指定创建聚集索引还是非聚集索引，两者只能取其一，如果省略，则表示创建非聚集索引。
- 表名：指定索引存在的表。
- 列名：索引所在的列的名字，可以指定两个或多个列名。

【例 7-1】在"学生"表的"学号"字段上建立聚集索引。

（1）打开 SQL Server Management Studio，在工具栏中单击"新建查询"按钮，打开 SQL 编辑器，编写如下代码：

CREATE CLUSTERED INDEX IX_学生_学号 ON 学生(学号)

（2）单击工具栏中的"执行"按钮，运行结果如图 7-2 所示。

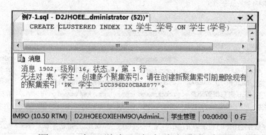

图 7-2　在"学生"表中建立聚集索引

说明：

① 在学生表上，学号是主键，创建主键的时候自动生成了名为" PK_学生_1CC396D20CBAE877"的聚集索引，一个表中聚集索引只能有一个，所以再创建聚集索引就会报错。

② 可以删除主键产生的聚集索引，再执行语句。

【例 7-2】在"学生"表的"姓名"字段上建立非聚集唯一索引。

（1）打开 SQL Server Management Studio，在工具栏中单击"新建查询"按钮，打开 SQL 编辑器，编写如下代码：

CREATE UNIQUE NONCLUSTERED INDEX　IX_学生_姓名 ON 学生(姓名)

（2）单击工具栏中的"执行"按钮，运行结果如图 7-3 所示。

说明：

① NONCLUSTERED 关键字可以省略。

② IX_学生_姓名是索引的名字，这么命名的好处是以索引 INDEX 的缩写开头，中间是表名，最后是包含索引的字段名，这样可以达到见名识意的效果，可以看出索引所在的表名及创建索引的字段。

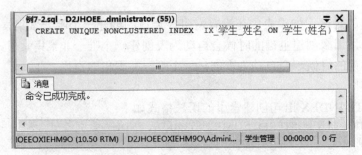

图 7-3 在"学生"表中建立非聚集唯一索引

4. 查看索引

使用系统存储过程 sp_helpindex 查看表中包含索引的语法格式如下：

```
sp_helpindex 表名
```

【例 7-3】查看"学生"表的索引。

（1）打开 SQL Server Management Studio，在工具栏中单击"新建查询"按钮，打开 SQL 编辑器，编写如下代码：

```
sp_helpindex 学生
```

（2）单击工具栏中的"执行"按钮，运行结果如图 7-4 所示。

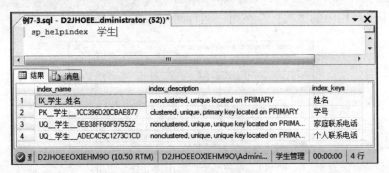

图 7-4 查看"学生"表的索引

说明：

① 表名可以加单引号，也可以不加单引号。

② 在结果栏中显示索引的名字、索引的类型、创建索引的字段，其中第一行是例 7-2 创建的唯一非聚集索引，第二行是创建主键时自动生成的索引，第三行和第四行分别是在"家庭联系电话"和"个人联系电话"字段上创建唯一约束时自动产生的唯一非聚集索引。

5. 禁用索引

如果索引被禁用，索引还存在，只是用户不能访问索引。禁用一个表的聚集索引，可以防止用户对数据进行访问，数据仍然存在表中，但用户不能对表中的数据进行操作。

使用带 DISABLE 子句的 ALTER INDEX 语句禁用索引，语法格式如下：

```
ALTER INDEX 索引名 ON 表名 DISABLE
```

【例 7-4】禁用"学生"表中名为"PK_学生_1CC396D20CBAE877"的索引。

（1）打开 SQL Server Management Studio，在工具栏中单击"新建查询"按钮，打开 SQL 编辑器，编写如下代码：

```
ALTER INDEX PK_学生_1CC396D20CBAE877 ON 学生 DISABLE
```

（2）单击工具栏中的"执行"按钮，运行结果如图 7-5 所示。

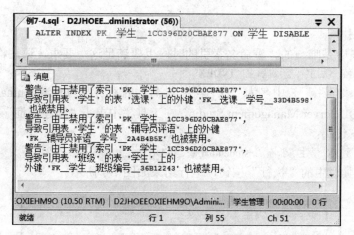

图 7-5　在"学生"表禁用聚集索引

说明：

① 索引名不加单引号。

② 禁用一个表的聚集索引，导致引用这个表的其他表上的外键约束也被禁用。

③ 禁用一个表的聚焦索引，导致用户不能访问表中的数据，使用"SELECT * FROM 学生"命令来查看表中的数据，会报错"查询处理器无法生成计划，因为表或视图'学生'的索引'PK_学生_1CC396D20CBAE877'的索引'被禁用"，要想访问表中的数据，则要激活聚集索引。

6. 激活索引

可以使用带 REBUILD 子句的 ALTER INDEX 语句来重新启用被禁止的索引，语法格式如下：

```
ALTER  INDEX  索引名 ON 表名 REBUILD
```

【例 7-5】激活启用"学生"表中名为"PK_学生_1CC396D20CBAE877"的索引。

（1）打开 SQL Server Management Studio，在工具栏中单击"新建查询"按钮，打开 SQL 编辑器，编写如下代码：

```
ALTER INDEX PK_学生_1CC396D20CBAE877 ON 学生 REBUILD
```

（2）单击工具栏中的"执行"按钮，运行结果如图 7-6 所示。

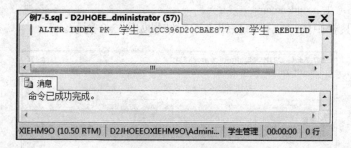

图 7-6　启用"学生"表的聚集索引

说明：

① 索引名不加单引号。

② 启用一个表的聚集索引，使用 "SELECT * FROM 学生"命令，可以正常查看表中的数据。

7. 重命名索引

索引名称在表中是唯一的，重命名索引的时候也要满足这一要求，语法格式如下：

```
sp_rename  '表名.索引名' , '新索引名', 'INDEX'
```

【例 7-6】把 "学生"表中名为 "IX_学生_姓名"的索引改为 ixstudentname。

（1）打开 SQL Server Management Studio，在工具栏中单击 "新建查询"按钮，打开 SQL 编辑器，编写如下代码：

```
sp_rename  '学生.IX_学生_姓名' , 'ixstudentname' , 'INDEX'
```

（2）单击工具栏中的 "执行"按钮，运行结果如图 7-7 所示。

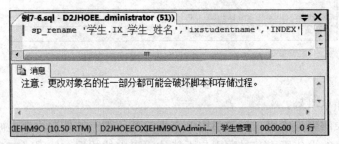

图 7-7　重命名 "学生"表的索引

8. 删除索引

当不再需要一个索引时，为了节约存储空间，可以将其从数据库中删除。使用 DROP INDEX 语句删除索引的语法格式如下：

```
DROP   INDEX  表名.索引名
```

参数说明：

● 表名：指定要删除的索引所在的表。
● 索引名：指定要删除的索引，表名和索引名中间用点来连接，也可以一次删除多个索引，索引之间用逗号分隔。

【例 7-7】删除 "学生"表中名为 ixstudentname 的索引。

（1）打开 SQL Server Management Studio，在工具栏中单击 "新建查询"按钮，打开 SQL 编辑器，编写如下代码：

```
DROP INDEX  学生.ixstudentname
```

（2）单击工具栏中的 "执行"按钮，运行结果如图 7-8 所示。

图 7-8　删除 "学生"表的索引

7.1.5　应用实践

为了提高按照商品名称查询商品信息的效率，在"销售"数据库中"商品"表的"名称"字段创建索引"IX_商品_名称"，然后把索引名改为 ixproductname，最后删除该索引。

（1）打开 SQL Server Management Studio，单击"对象资源管理器"中的"数据库"文件夹下的数据库"销售"。

（2）单击工具栏中的"新建查询"按钮，打开"查询编辑器"窗口。

（3）在"查询编辑器"窗口中输入以下代码：

```
CREATE INDEX IX_商品_名称  ON  商品(名称)

sp_rename '商品.IX_商品_名称','ixproductname','INDEX'

DROP INDEX  商品.ixproductname
```

（4）执行上述命令。注意这 3 条命令不能同时执行，要分 3 次单个执行。

任务 7.2　创建和管理视图

7.2.1　情景描述

为了对教师数据分类统计，数据库开发人员想要在"学生管理"数据库中显示学历为"博士研究生"的教师编号、教师姓名、性别、职称、学历、系部名称信息，并且要将结果长期保存在数据库中。

7.2.2　问题分析

为了解决上述问题，需要完成以下任务：

（1）要显示的信息在两张表中，需要写出连接查询的语句。

（2）用创建视图的命令将连接查询的结果保存在视图中。

（3）执行创建的命令。

（4）查询视图中的数据。

7.2.3　解决方案

（1）打开 SQL Server Management Studio，单击"对象资源管理器"中的"数据库"文件夹下的数据库"学生管理"。

（2）单击工具栏中的"新建查询"按钮，打开"查询编辑器"窗口。

（3）在"查询编辑器"窗口中输入以下代码：

```
CREATE VIEW vwteacher
AS
SELECT 教师编号,教师姓名,性别,职称,学历,系部名称
FROM 教师  JOIN  系部  ON  教师.系部代码=系部.系部代码
WHERE  学历='博士研究生'
WITH CHECK OPTION
```

（4）单击工具栏中的"执行"按钮，运行结果如图 7-9 所示。

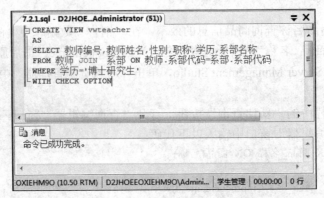

图 7-9　创建教师信息视图

（5）在 SQL 编辑器上输入语句"SELECT * FROM vwteacher"，单击"执行"按钮，运行结果和生成视图的 SELECT 语句的结果一样。

7.2.4　知识总结

1．视图的概念

一个数据库中的数据非常多，但是不同的用户，关心的数据也不同，所以数据库管理系统需要按用户的特定需求将其需要的数据提供给特定用户。视图就是从表中提取的列和数据组成的，把按照不同用户的需求提取出来的数据用视图的方式保存起来，提供给特定的用户，这样可以简化用户对数据的查询和处理，如果有一个视图是从多个表的连接查询得到的，那么用户不用关心表与表之间的连接操作，只需要关心从视图中得到的数据即可，不用关心这些数据是从哪些基本表得到的。

视图是从一个或多个基本表通过 SELECT 语句导出来的虚拟表，具有数据表的特征。视图一旦定义，就可以像表一样进行查询、修改、删除和更新；但是视图是虚拟的表，并不真正保存数据，而是保存提取数据的相关命令。

视图中的数据来自定义视图的查询所引用的基本表，并且在引用视图时动态生成，当基本表中的数据发生变化时，从视图中查询出的数据也会随之改变，数据库表中数据的更改不会影响用户对数据库的使用，用户也不必了解复杂的数据库中的表结构，屏蔽了数据库的复杂性。

2．创建视图

如果要查询的数据来自于多张表，我们先要分析表的结构、了解表之间是怎么关联的，再根据分析写出对应的复杂的 SELECT 语句。如果这个查询要经常使用，每次都要编写复杂的连接查询语句，则是费时费力的工程，如果利用创建视图的命令把查询的语句用视图的方式保存在数据库中，每次使用的时候直接查询视图即可，则会方便很多。

使用 CREATE VIEW 语句创建视图的语法规则如下：

```
CREATE VIEW   视图名
WITH   ENCRYPTION
AS   SELECT 语句
WITH   CHECK   OPTION
```

参数说明：

● 视图名：指定视图的名称，命名建议用 vw 开始。

- WITH ENCYPTION：指定视图的创建文本被加密。
- SELECT 语句：指定定义视图的 SELECT 语句，要求不能使用 ORDER BY 子句。
- WITH CHECK OPTION：指定在视图上修改数据的时候要满足 SELECT 语句指定的限制条件，可以保证对视图中数据的修改仍然符合视图的定义。

【例 7-8】创建一个名为 vwstu 的视图，视图中包含女生的学号、姓名、性别、出生日期。

（1）打开 SQL Server Management Studio，在工具栏中单击"新建查询"按钮，打开 SQL 编辑器，编写如下代码：

```
CREATE VIEW vwstu
AS
SELECT 学号,姓名,性别,出生日期
FROM 学生
WHERE 性别='女'
```

（2）单击工具栏中的"执行"按钮，运行结果如图 7-10 所示。

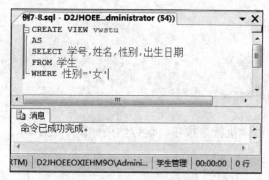

图 7-10　创建女生信息视图

（3）在 SQL 编辑器中输入语句"SELECT * FROM vwstu"，单击"执行"按钮，运行结果和生成视图的 SELECT 语句的查询结果相同。

【例 7-9】创建一个名为 vwscore 的视图，视图中包含学号、姓名、课程编号、课程名称、成绩，要求视图的文本信息加密。

（1）打开 SQL Server Management Studio，在工具栏中单击"新建查询"按钮，打开 SQL 编辑器，编写如下代码：

```
CREATE VIEW vwscore
WITH ENCRYPTION
AS
SELECT   xs.学号,姓名,kc.课程编号,课程名称,成绩
FROM    选课 AS xk,学生 AS xs,课程 AS kc
WHERE   xk.学号=xs.学号 AND xk.课程编号=kc.课程编号
```

（2）单击工具栏中的"执行"按钮，运行结果如图 7-11 所示。

（3）在 SQL 编辑器中输入语句"SELECT * FROM vwscore"，单击"执行"按钮，运行结果和生成视图的 SELECT 语句的查询结果相同。

说明：

① 用户使用视图，则不需要了解复杂的表连接过程。

② 如果视图加密，则不能用 sp_helptext 来查看视图信息。

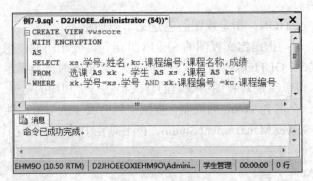

图 7-11　学生课程成绩视图

【例 7-10】创建一个名为 vwcourse 的视图，视图包含专业必修课程的信息，要求使用 WITH CHECK OPTION 子句。

（1）打开 SQL Server Management Studio，在工具栏中单击"新建查询"按钮，打开 SQL 编辑器，编写如下代码：

```
CREATE VIEW vwcourse
AS
SELECT *
FROM  课程
WHERE  课程性质='专业必修课'
WITH CHECK OPTION
```

（2）单击工具栏中的"执行"按钮，运行结果如图 7-12 所示。

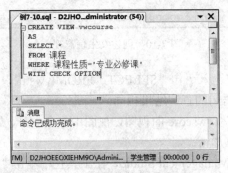

图 7-12　专业必修课程信息视图

（3）在 SQL 编辑器中输入语句"SELECT * FROM vwcourse"，单击"执行"按钮，运行结果和生成视图的 SELECT 语句的查询结果相同。

说明：使用了 WITH CHECK OPTION 子句，更新视图数据的时候，更新后的数据必须满足 SELECT 语句中 WHERE 子句指定的条件。

【例 7-11】创建一个名为 vwcompute 的视图，视图包含每门课程的最高分、最低分和平均分。

（1）打开 SQL Server Management Studio，在工具栏中单击"新建查询"按钮，打开 SQL 编辑器，编写如下代码：

```
CREATE VIEW vwcompute
AS
SELECT   课程编号,MAX(成绩) AS '最高分',
         MIN(成绩) AS '最低分',AVG(成绩) AS '平均分'
```

```
FROM    选课
GROUP   BY   课程编号
```

（2）单击工具栏中的"执行"按钮，运行结果如图 7-13 所示。

图 7-13　每门课程成绩视图

（3）在 SQL 编辑器中输入语句"SELECT * FROM vwcompute"，单击"执行"按钮，运行结果和生成视图的 SELECT 语句的查询结果相同。

说明：

① 视图中的计算列必须指定列名。

② 计算列是不能通过更新视图数据的方式修改的。

3. 查看视图信息

sp_help 用于显示数据库对象的基本信息，基本语法格式如下：

```
sp_help 对象名
```

sp_helptext 用于显示数据库对象的定义信息，基本语法格式如下：

```
sp_helptext 对象名
```

【例 7-12】查看视图 vwscore 的名称、所有者、创建时间，以及视图的列名、数据类型、长度等信息。

（1）打开 SQL Server Management Studio，在工具栏中单击"新建查询"按钮，打开 SQL 编辑器，编写如下代码：

```
sp_help vwscore
```

（2）单击工具栏中的"执行"按钮，运行结果如图 7-14 所示。

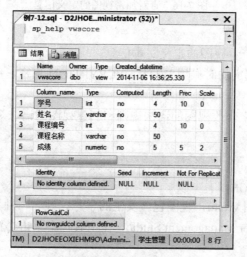

图 7-14　查看视图的基本信息

【例 7-13】查看视图 vwstu 的定义信息。

（1）打开 SQL Server Management Studio，在工具栏中单击"新建查询"按钮，打开 SQL 编辑器，编写如下代码：

```
sp_helptext vwstu
```

（2）单击工具栏中的"执行"按钮，运行结果如图 7-15 所示。

图 7-15　查看视图的定义信息

【例 7-14】查看视图 vwscore 的定义信息。

（1）打开 SQL Server Management Studio，在工具栏中单击"新建查询"按钮，打开 SQL 编辑器，编写如下代码：

```
sp_helptext vwscore
```

（2）单击工具栏中的"执行"按钮，运行结果如图 7-16 所示。

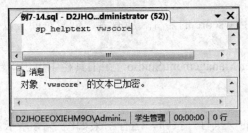

图 7-16　查看加密视图的定义信息

说明：

① sp_helptext 可以查看视图的定义文本信息。

② vwscore 视图在定义的时候用 WITH ENCRYPTION 加密，所以不能查看。

4. 修改视图

使用 ALTER VIEW 来修改视图的语法规则和创建视图的语法规则相同，如下：

```
ALTER　VIEW　视图名
WITH　ENCRYPTION
AS　SELECT 语句
WITH　CHECK　OPTION
```

【例 7-15】修改视图 vwstu，视图包含女生的学号、姓名、性别、出生日期、班级名称。

（1）打开 SQL Server Management Studio，在工具栏中单击"新建查询"按钮，打开 SQL 编辑器，编写如下代码：

```
ALTER VIEW vwstu
```

```
AS
SELECT　学号,姓名,性别,出生日期,班级名称
FROM　学生 JOIN 班级 ON 学生.班级编号=学生.班级编号
WHERE　性别='女'
```

（2）单击工具栏中的"执行"按钮，运行结果如图 7-17 所示。

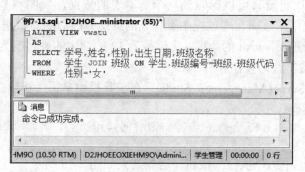

图 7-17　修改女生信息视图

（3）在 SQL 编辑器中输入语句"SELECT * FROM vwstu"，单击"执行"按钮，运行结果和生成视图的 SELECT 语句的查询结果相同。

说明：

① 修改的视图名称必须是已经存在的视图。

② 视图中包含的"班级名称"字段在"班级"表中，用两个表的连接实现视图的定义。

5. 更新视图数据

更新视图中数据的语法和更新表的数据的语法格式相同。视图中的数据来自基本表，基本表中数据的改变会影响到视图，对视图中数据的更新也会影响到基本表，视图和基本表的数据是统一的，但是对视图中的数据进行更新时有以下限制：

● 如果一次更新视图中的数据来自于多个基本表，则不允许更新。由于视图的数据终究还是来自基本表，所以对视图中数据的更新只能针对一个基本表中的数据进行。

● 如果视图中的某列数据是计算得到的列，也不允许更新。

【例 7-16】更新视图 vwstu 的数据，将学号为 12 的学生的姓名改为"赵丹丹"。

（1）打开 SQL Server Management Studio，在工具栏中单击"新建查询"按钮，打开 SQL 编辑器，编写如下代码：

```
UPDATE　vwstu　SET 姓名='赵丹丹' WHERE　学号=12
```

（2）单击工具栏中的"执行"按钮，运行结果如图 7-18 所示。

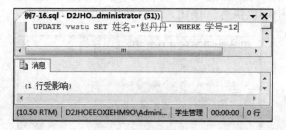

图 7-18　更新视图数据

（3）在 SQL 编辑器中输入语句"SELECT * FROM vwstu WHERE　学号=12"，单击"执行"按钮，在视图中可以看到学号为 12 的学生的姓名更改为"赵丹丹"。

（4）在 SQL 编辑器中输入语句 "SELECT * FROM 学生 WHERE 学号=12"，单击 "执行" 按钮，在学生表中可以看到学号为 12 的学生的姓名更改为 "赵丹丹"。

说明：

① 更新视图数据的命令和表中数据的更新命令相同。

② 对视图的一次更新只可以影响到一个基本表的数据，视图和基本表中的数据是相通的，如果修改学生表中的数据，通过视图查看到的就是修改后的新数据。

【例 7-17】更新视图 vwstu 的数据，将学号为 12 的学生的姓名改为 "赵丹"，班级名称由原来的 "计算机 1402" 改为 "计算机 1401"。

（1）打开 SQL Server Management Studio，在工具栏中单击 "新建查询" 按钮，打开 SQL 编辑器，编写如下代码：

```
UPDATE   vwstu   SET 姓名='赵丹',班级名称='计算机 1401'
WHERE    学号=12
```

（2）单击工具栏中的 "执行" 按钮，运行结果如图 7-19 所示。

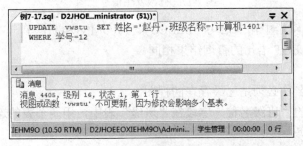

图 7-19   更新视图影响多表

（3）对视图的更新一次不能影响多个基本表，由于这次更新的数据 "姓名" 字段在 "学生" 表，"班级名称" 字段在 "班级" 表，所以数据更新不成功。修改办法：在 SQL 编辑器中输入语句 "UPDATE vwstu SET 姓名='赵丹' WHERE 学号=12" 和语句 "UPDATE vwstu SET 班级名称='计算机 1401' WHERE 学号=12"，单击 "执行" 按钮。

（4）在 SQL 编辑器中输入语句 "SELECT * FROM vwstu"，单击 "执行" 按钮，可以看出姓名和班级名称修改成功。

【例 7-18】更新视图 vwcompute 的数据，修改课程编号为 1 的最高分为 99 分。

（1）打开 SQL Server Management Studio，在工具栏中单击 "新建查询" 按钮，打开 SQL 编辑器，编写如下代码：

```
UPDATE vwcompute SET 最高分=99 WHERE 课程编号=1
```

（2）单击工具栏中的 "执行" 按钮，运行结果如图 7-20 所示。

图 7-20   更新视图里的计算列

说明：视图的列是计算列，则不能更新。

【例 7-19】更新视图 vwcourse 的数据，把课程编号为 1 的课程性质修改为"专业选修课"。

（1）打开 SQL Server Management Studio，在工具栏中单击"新建查询"按钮，打开 SQL 编辑器，编写如下代码：

```
UPDATE vwcourse SET  课程性质='专业选修课'
WHERE  课程编号=1
```

（2）单击工具栏中的"执行"按钮，运行结果如图 7-21 所示。

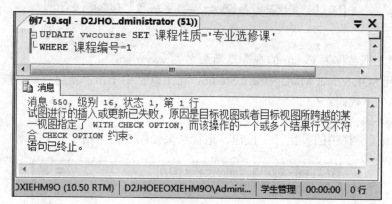

图 7-21　更新 WITH CHECK OPTION 的视图

说明：视图 vwcourse 在定义的时候指定了 WITH CHECK OPTION 子句，则要求对视图数据的更新要满足 vwcourse 定义时指定的 WHERE 条件，WHERE 条件中指定视图是专业必修课的课程信息，那么修改视图数据的时候，更新后的数据如果不满足这个条件，则不能对数据进行更新。

6．删除视图

如果视图不再需要，则要删除视图，以免浪费存储空间，DROP VIEW 删除视图的语法规则如下：

```
DROP VIEW 视图名的列表
```

参数说明：视图名列表是指定视图的名称，必须是数据库中存在的视图名称，如果一次要删除多个视图，视图名之间用逗号分隔。

【例 7-20】删除视图 vwscore 和 vwcompute。

（1）打开 SQL Server Management Studio，在工具栏中单击"新建查询"按钮，打开 SQL 编辑器，编写如下代码：

```
DROP VIEW vwscore ,vwcompute
```

（2）单击工具栏中的"执行"按钮，运行结果如图 7-22 所示。

7．重命名视图

可以用 sp_rename 来对视图进行改名，语法格式如下：

```
sp_rename 视图原名, 视图新名称
```

参数说明：

- 视图原名：指定数据库中存在的视图的名称。
- 视图新名称：指定视图更改后的名称。

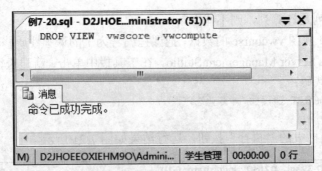

图 7-22 删除视图

【例 7-21】把名称为 vwstu 的视图重新命名为 vwgirlstu。

（1）打开 SQL Server Management Studio，在工具栏中单击"新建查询"按钮，打开 SQL 编辑器，编写如下代码：

```
sp_rename 'vwstu','vwgirlstu'
```

（2）单击工具栏中的"执行"按钮，运行结果如图 7-23 所示。

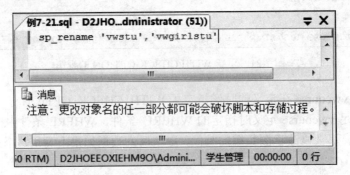

图 7-23 重命名视图

7.2.5 应用实践

定义视图 vwsales，视图包含顾客 ID、顾客姓名、性别、联系方式、商品 ID、商品名称、价格、类别名称。

（1）打开 SQL Server Management Studio，单击"对象资源管理器"中的"数据库"文件夹下的数据库"销售"。

（2）单击工具栏中的"新建查询"按钮，打开"查询编辑器"窗口。

（3）在"查询编辑器"窗口中输入以下代码：

```
CREATE VIEW vwsales
AS
SELECT   xs.顾客 ID,gk.姓名,gk.性别,gk.联系方式,
         xs.商品 ID,sp.名称,sp.价格,splx.类别名称
FROM    销售  xs JOIN  顾客  gk ON xs.顾客 ID=gk.顾客 ID
        JOIN  商品  sp ON xs.商品 ID=sp.商品 ID
        JOIN  商品类型  splx ON splx.类别 ID=sp.类别 ID
```

（4）单击工具栏中的"执行"按钮，运行结果如图 7-24 所示。

（5）在 SQL 编辑器中输入语句"SELECT * FROM vwsales"，单击"执行"按钮，可以看到视图中的数据和 SELECT 语句的查询结果相同。

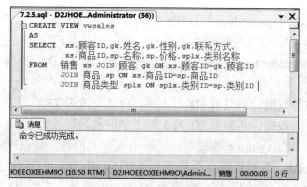

图 7-24　创建销售信息视图

单元小结

1．索引的概念。

2．索引的类型。

3．CREATE INDEX 命令创建索引的语法。

4．sp_helpindex 查看索引。

5．禁用索引和激活索引。

6．删除索引。

7．重命名索引。

8．CREATE VIEW 命令创建视图的语法。

9．ALTER VIEW 命令修改视图的语法。

10．查看视图。

11．重命名视图。

12．删除视图。

习题七

1．按照索引的存储结果，索引如何分类？

2．按照索引的取值，索引如何分类？

3．（1）在"销售"数据库中"顾客"表的"联系方式"字段创建唯一非聚集索引"IX_顾客_联系方式"。

（2）把索引名改为 ixcustomerphone。

（3）删除该索引。

4．（1）在"销售"数据库中查看"供应商"表中的索引。

（2）分别禁用这些索引。禁用后修改"供应商"表中的数据，查看能否修改成功，并分析原因。

（3）把以上禁用的索引激活，并说明激活的顺序。

5．什么是视图？请测试如果将创建视图的基本表从数据库中删除掉，视图是否会一并被删除，有视图引用的表能否禁止删除？

6.（1）创建一个名为 vwproduct 的视图，视图中包含"销售"数据库中进了货的商品 ID、名称、价格、供应商名称，要求视图的文本信息加密。创建好后查看该视图的定义信息。

（2）修改视图 vwproduct，视图包含进了货的商品 ID、名称、价格、供应商名称、进货单价、单件利润。

（3）更新视图中的数据，将商品 ID 为 7 的"价格"改为 75。

（4）更新视图中的数据，将商品 ID 为 3 的"单价利润"改为 1.5。

7.（1）创建一个名为 vwprice 的视图，视图中包含"销售"数据库中商品价格为 220 的商品 ID、名称、类别 ID、类别名称，要求使用 WITH CHECK OPTION 子句。

（2）更新视图 vwprice 中的数据，将类别 ID 为 1 的商品的类别 ID 改为 2，分析结果。

（3）更新视图 vwprice 中的数据，将商品 ID 为 1 的商品价格改为 235，分析结果。

（4）重命名该视图为 vwupdate，然后删除该视图。

单元八 数据库编程

 学习目标

- 编程基础知识
- 用户自定义函数
- 存储过程
- 触发器

任务 8.1 用户自定义函数

8.1.1 情景描述

学生信息管理系统里经常需要做一些重复性的操作，可以把这些操作创建为函数来使用。数据库开发人员需要创建一个函数，要求该函数可以根据输入的专业名称返回本专业学生的学号、姓名、性别、出生日期、身份证号。

8.1.2 问题分析

为了解决上述问题，需要完成以下任务：

（1）分析专业名称和学生信息之间的关联，先由专业名称在"专业"表中查询出专业代码，再由专业代码在"班级"表中查询出班级编号，最后根据班级编号在"学生"表中查询出学生的信息。

（2）根据分析结果写出创建函数的命令。

（3）执行函数以验证结果。

8.1.3 解决方案

（1）打开 SQL Server Management Studio，单击"对象资源管理器"中的"数据库"文件夹下的数据库"学生管理"。

（2）单击工具栏中的"新建查询"按钮，打开"查询编辑器"窗口。

（3）在"查询编辑器"窗口中输入以下代码：

```
CREATE FUNCTION funstudent(@major varchar(32))
RETURNS TABLE
AS
RETURN(SELECT 学号,姓名,性别,出生日期,身份证号
        FROM 学生
        WHERE 班级编号 IN(SELECT 班级代码
                FROM 班级
```

WHERE 专业代码 IN (SELECT 专业代码
FROM 专业
WHERE 专业名称=@major)))

（4）单击工具栏中的"执行"按钮，运行结果如图 8-1 所示。

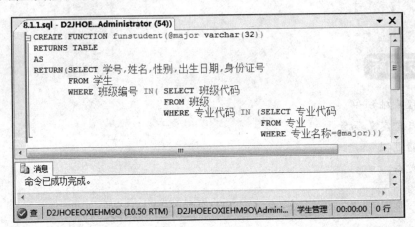

图 8-1   创建函数

（5）在"查询编辑器"窗口中输入语句"SELECT   * FROM   funstudent ('软件技术')"，单击"执行"按钮，即可查询"软件技术"专业的学生的信息。

8.1.4   知识总结

1. 编程基础

（1）常量与变量。

常量是表示一个特定数据值的符号，在程序运行过程中始终保持不变。常量的格式取决于它所表示的值的数据类型，如字符常量必须用单引号括起来，由字母、数字及其他特殊字符组成；二进制常量由 0、1 构成；十进制整型常量不带小数点；日期常量也要用括号括起来等。

在程序运行过程中，值可以改变的量称为变量，按照变量的有效作用范围，可以分为局部变量和全局变量。局部变量的作用范围仅限于程序内部，局部变量名必须使用@符号开始。全局变量的作用范围不仅仅局限于某一程序，任何程序均可以随时访问，全局变量经常存储一些 SQL Server 的配置设定和统计数据，不能由用户的程序定义，全局变量以符号@@开始。如@@CONNECTIIONS 返回 SQL Server 启动后所接受的连接或试图连接的次数；@@ERROR 返回上次执行 SQL 语句产生的错误数；@@ROWCOUNT 返回上一个语句所处理的行数；@@SERVERNAME 返回运行 SQL Server 的本地服务器的名称；@@VERSION 返回当前 SQL Server 服务器的日期、版本和处理器的类型。

局部变量用关键字 DECLARE 声明，语法格式如下：

DECLARE   @变量名 数据类型

参数说明：

● @变量名：局部变量的名称，必须使用@符号开始，变量名遵守标识符的命名规则。
● 数据类型：用于指定局部变量的数据类型，可以是由系统提供的除了 text、ntext、image 之外的数据类型。

局部变量一旦声明，初始值默认为 NULL，可以使用 SET 或 SELECT 命令为变量赋值，语法格式如下：

    SET　@变量名=表达式

或者

    SELECT　@变量名=表达式

参数说明：

- @变量名：指定已经声明的要被赋值的变量名称。
- 表达式：合法有效的 SQL Server 表达式。

变量的值或常量的值可以通过 SELECT 或 PRINT 命令输出，语法格式如下：

    SELECT　局部变量|全局变量|常量

或者

    PRINT　局部变量|全局变量|常量

参数说明：

- 局部变量、全局变量：不加单引号。
- 常量：如果是字符串要用括号括起来，如果是多个字符串的连接，需要用+号连接。

【例 8-1】定义一个字符串变量和整型变量，为其赋值，并输出查看结果。

1）打开 SQL Server Management Studio，在工具栏中单击"新建查询"按钮，打开 SQL 编辑器，编写如下代码：

```
DECLARE   @course varchar(64),@a int
SELECT    @course as '@course 赋值前的值',@a as '@a 赋值前的值'
SELECT    @course ='sql server 基础',@a=1
SELECT    @course as '@course 赋值后的值',@a as '@a 赋值后的值'
SELECT    '欢迎大家学习'+@course
```

2）单击工具栏中的"执行"按钮，运行结果如图 8-2 所示。

图 8-2　局部变量的声明、赋值、输出

【例 8-2】显示当前服务器的名称及版本。

1）打开 SQL Server Management Studio，在工具栏中单击"新建查询"按钮，打开 SQL 编辑器，编写如下代码：

    SELECT   @@SERVERNAME AS '服务器名',@@VERSION AS '版本'

2）单击工具栏中的"执行"按钮，运行结果如图 8-3 所示。

图 8-3 全局变量的输出

（2）IF…ELSE 语句。

条件判断语句 IF…ELSE 用来判断当一个条件成立时执行某段程序，条件不成立时执行另外一段程序，语法格式如下：

```
IF   条件表达式
     语句块 1
ELSE
     语句块 2
```

参数说明：

● 条件表达式：关系运算符和逻辑运算符组成的表达式，其值决定分支的执行路线。

● 语句块 1：条件表达式成立时执行的语句块，如果语句块的语句多于一条，语句块前用 BEGIN，语句块后用 END。

● 语句块 2：条件表达式不成立时执行的语句块。

● ELSE 语句块 2：可选项，最简单的 IF 语句没有 ELSE 选项。

【例 8-3】IF…ELSE 语句的用法：IF 语句成立时执行的语句只有一条。

1）打开 SQL Server Management Studio，在工具栏中单击"新建查询"按钮，打开 SQL 编辑器，编写如下代码：

```
DECLARE @price money
SET @price =66
IF @price>50
     PRINT '价格过高'
ELSE
     PRINT '价格比较合适'
```

2）单击工具栏中的"执行"按钮，运行结果如图 8-4 所示。

图 8-4 执行单条语句的 IF 语句

【例 8-4】IF…ELSE 语句的用法：IF 语句成立时执行的语句多于一条。

1）打开 SQL Server Management Studio，在工具栏中单击"新建查询"按钮，打开 SQL

编辑器，编写如下代码：

```
DECLARE @score float
SET @score =50
IF @score<60
    BEGIN
        SET @score=@score +20
        PRINT @score
    END
ELSE
    BEGIN
        SET @score =@score+10
        PRINT @score
    END
```

2）单击工具栏中的"执行"按钮，运行结果如图 8-5 所示。

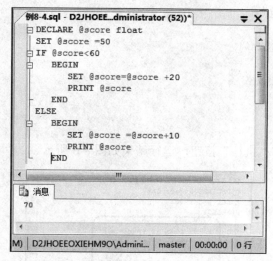

图 8-5　执行多条语句的 IF 语句

（3）CASE 语句。

当条件表达式的分支多于两条的时候，可以用 CASE 语句对每一种结果进行处理，语法格式如下：

```
CASE    条件表达式
    WHEN    条件表达式结果 1    THEN    语句 1
    WHEN    条件表达式结果 2    THEN    语句 2
    …
    WHEN    条件表达式结果 n    THEN    语句 n
    ELSE    语句 n+1
END
```

参数说明：

● 条件表达式：关系运算符和逻辑运算符组成的表达式，其值决定分支的执行路线。

● 条件表达式结果：要与条件表达式的数据类型相同，二者如果相同，则执行对应 THEN 后面的语句。

● ELSE：与上面的条件表达式结果都不相同的时候，执行 ELSE 后面的语句。

CASE 语句执行的步骤如下：

1）计算条件表达的值，然后按照指定顺序对每个 WHEN 子句的条件表达式结果进行比较。

2）一旦发现条件表达式和条件表达式结果相同，则返回对应 THEN 后面的语句的执行结果。

3）如果条件表达式和条件表达式结果都不能匹配，则返回 ELSE 后面的语句的执行结果。

【例 8-5】定义一个变量，赋值百分制成绩，改为五级制成绩输出。

1）打开 SQL Server Management Studio，在工具栏中单击"新建查询"按钮，打开 SQL 编辑器，编写如下代码：

```
DECLARE @score int
SET @score=85
SELECT
    CASE   @score/10
            when 10 then '满分'
            when 9 then '优秀'
            when 8 then '良好'
            when 7 then '中等'
            when 6 then '及格'
            else '不及格'
    END
AS '五级制成绩'
```

2）单击工具栏中的"执行"按钮，运行结果如图 8-6 所示。

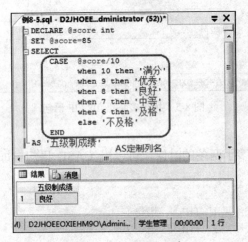

图 8-6　执行 CASE 语句

【例 8-6】在"学生管理"数据库中查询教师编号、教师姓名、教师职称，其中教师职称用高级、中级、初级表示。

1）打开 SQL Server Management Studio，在工具栏中单击"新建查询"按钮，打开 SQL 编辑器，编写如下代码：

```
SELECT 教师编号,教师姓名,
       CASE 职称
            WHEN '教授' THEN '高级'
            WHEN '副教授' THEN '高级'
```

```
        WHEN '讲师' THEN '中级'
        WHEN '助教' THEN '初级'
     END
     AS '教师职称'
FROM  教师
```

2）单击工具栏中的"执行"按钮，运行结果如图 8-7 所示。

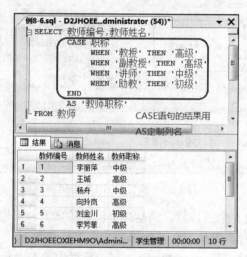

图 8-7　执行 CASE 语句

（4）WHILE 语句。

WHILE 语句可以根据某一条件重复执行一段代码，直到不满足特定条件为止。WHILE 语句有两个关键部分：循环条件和循环语句，当循环条件为真时，就执行循环体，循环体执行结束就去判断循环条件，如果循环条件继续为真，则重复执行循环体，一直到循环条件为假为止。语法格式如下：

```
WHILE  循环条件
    循环体
```

参数说明：

- 循环条件：关系运算符和逻辑运算符组成的表达式，其值决定循环体是否执行。
- 循环体：循环条件为真时重复执行的有效的 SQL 语句。如果循环体的语句多于一条，则循环体要用 BEGIN…END 括起来。在循环体内可以使用 BREAK 语句无条件终止循环体的执行；也可以使用 CONTINUE 语句提前结束本次循环，直接进入下一次循环条件的判断。

【例 8-7】计算 1～100 的和。

1）打开 SQL Server Management Studio，在工具栏中单击"新建查询"按钮，打开 SQL 编辑器，编写如下代码：

```
DECLARE @i int ,@sum int
SET @i =1
SET @sum=0
WHILE @i<=100
BEGIN
  SET @sum=@sum+@i
  SET @i=@i+1
```

```
END
PRINT '循环结束后，变量@i 的值是：'+str(@i)
PRINT '循环结束后，变量@sum 的值是：'+str(@sum)
```

2）单击工具栏中的"执行"按钮，运行结果如图 8-8 所示。

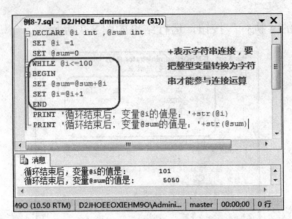

图 8-8　执行 WHILE 语句

【例 8-8】水仙花数是一个三位数，满足：个位数的立方、十位数的立方及百位数的立方三者之和等于此三位数本身。求从 101 开始的第一个水仙花数。

1）打开 SQL Server Management Studio，在工具栏中单击"新建查询"按钮，打开 SQL 编辑器，编写如下代码：

```
DECLARE @i int,@a int,@b int ,@c int
SET @i =101
WHILE @i<=999
  BEGIN
    SET @a =@i/100
    SET @b=@i/10%10
    SET @c =@i%10
    IF @a*@a*@a +@b*@b*@b+@c*@c*@c =@i
      BEGIN
        PRINT '找到的第一个水仙花数：'+str(@i)
        break
      END
    SET @i=@i+1
  END
```

2）单击工具栏中的"执行"按钮，运行结果如图 8-9 所示。

【例 8-9】求 1～100 的奇数之和。

1）打开 SQL Server Management Studio，在工具栏中单击"新建查询"按钮，打开 SQL 编辑器，编写如下代码：

```
DECLARE @i int ,@sum int
SET @i =1
SET @sum=0
WHILE @i<100
BEGIN
  SET @i=@i+1
```

```
    IF @i%2=0
        continue
    SET @sum=@sum+@i
END
PRINT '1～100 的奇数之和是：'+str(@sum)
```

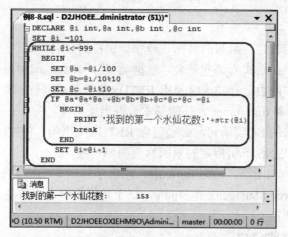

图 8-9　break 用法

2）单击工具栏中的"执行"按钮，运行结果如图 8-10 所示。

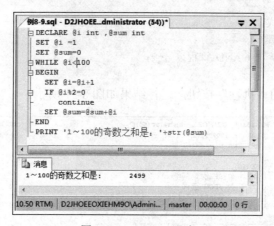

图 8-10　continue 用法

（5）RETURN 语句。

RETURN 语句主要用于无条件地终止当前 SQL 语句的执行，可用于存储过程、函数等语句中。

2. 函数

函数可以完成一个特定功能，常用系统函数的用法在前面已经学习过，它们只能解决特定问题，无法根据实际需要进行调整，用户可以根据需要创建自定义函数，以实现特殊的功能。

在 SQL Server 中，根据函数返回值的形式将用户函数分为两大类：标量函数和表值函数，其中表值函数又被分为内嵌表值函数和多语句表值函数。

（1）如果函数返回值是标量数据类型，则函数为标量函数。标量函数创建完成后，可以像使用系统函数一样去调用。使用 CREATE FUNCTION 创建自定义标量函数的语法格式如下：

```
CREATE FUNCTION  函数名(形式参数列表)
RETURNS  返回值类型
AS
BEGIN
    函数体
END
```

参数说明：

- 函数名：指定自定义函数的名称，遵守标识符的命名规则。
- 形式参数列表：格式为"变量名 数据类型"，参数之间用逗号分隔。
- 返回值类型：函数运行结束时使用 RETURN 语句返回值的类型，可以是除了 text、ntext、image 和 timestamp 之外的基本数据类型。
- 函数体：合法的 SQL 语句，必须包含 RETURN 语句，RETURN 语句返回值的数据类型和 RETURNS 子句指定的返回值类型要一致。

【例 8-10】创建一个函数，名为 funscore，求出学号为 6、选修的课程编号为 2 的成绩。

1）打开 SQL Server Management Studio，在工具栏中单击"新建查询"按钮，打开 SQL 编辑器，编写如下代码：

```
CREATE FUNCTION funscore()
RETURNS decimal(5,2)
AS
BEGIN
 RETURN (SELECT  成绩
            FROM  选课
            WHERE  学号=6 AND  课程编号=2)
END
```

2）单击工具栏中的"执行"按钮，运行结果如图 8-11 所示。

图 8-11　创建无参数的标量函数

3）在"查询编辑器"窗口中输入语句"SELECT dbo.funscore()"，单击工具栏中的"执行"按钮，得出成绩信息。

说明：

① 函数如果没有参数，函数名后面的小括号也不能省略。

② 在第二行用 RETURNS 关键字指出函数运行结束后返回的值的数据类型是 decimal(5,2)，那么在函数体内需要用 RETURN 语句返回一个此类型的值。

③ 标量函数的调用方法和系统函数相同。

④ 此函数没有参数，功能限制为只能返回学号为 6 的学生选修课程编号为 2 的成绩，其他学生的成绩不能用此函数，可以通过创建有参数的函数来解决。

【例 8-11】创建一个函数，名为 funscorenew，输入学号和课程编号，返回指定学号和课程编号的成绩。

1）打开 SQL Server Management Studio，在工具栏中单击"新建查询"按钮，打开 SQL 编辑器，编写如下代码：

```
CREATE FUNCTION funscorenew(@stuid int,@courseid int)
RETURNS decimal(5,2)
AS
BEGIN
 RETURN (SELECT 成绩
          FROM 选课
          WHERE 学号=@stuid AND 课程编号=@courseid)
END
```

2）单击工具栏中的"执行"按钮，展开"对象资源管理器"窗口的"学生管理"数据库下的"可编程性"文件夹，双击"函数"，展开"标量值函数"，可以看到创建的函数前面加了所有者 dbo，运行结果如图 8-12 所示。

图 8-12　创建有参数的标量函数

3）在"查询编辑器"窗口中输入语句"SELECT dbo.funscorenew(1,1)"，单击工具栏中的"执行"按钮，得出学号为 1 的学生选修的课程编号为 1 的成绩。

说明：

① 函数的参数先写参数名，再写参数的数据类型。

② 函数的运行在 SELECT 语句中，要指出函数的实际参数值，实际参数值要和形式参数一一对应。每次执行函数，输入的实际参数不同，得出的形式参数也不同。

【例 8-12】创建一个函数，名为 funclass，输入班级编号，统计班级的学生人数。

1）打开 SQL Server Management Studio，在工具栏中单击"新建查询"按钮，打开 SQL 编辑器，编写如下代码：

```
CREATE FUNCTION funclass(@classid int)
RETURNS int
AS
BEGIN
 RETURN(SELECT COUNT(*)
```

```
        FROM 学生
        WHERE 班级编号=@classid)
END
```

2）单击工具栏中的"执行"按钮，展开"对象资源管理器"窗口的"学生管理"数据库下的"可编程性"文件夹，双击"函数"，展开"标量值函数"，可以看到创建的函数前面加了所有者 dbo，运行结果如图 8-13 所示。

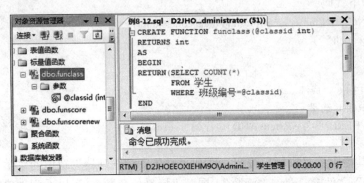

图 8-13　创建有参数的标量函数

3）在"查询编辑器"窗口中输入语句"SELECT dbo.funclass(3)"，单击工具栏中的"执行"按钮，得出班级编号为 3 的学生人数。

（2）如果函数返回值是表（TABLE），则函数为表值函数，表值函数返回的结果是表，因此，表值函数的调用要放在 SELECT 语句的 FROM 子句中。使用 CREATE FUNCTION 创建内嵌表值函数的语法格式如下：

```
CREATE FUNCTION 函数名(形式参数列表)
RETURNS   TABLE
AS
      RETURN(SELECT 语句)
```

参数说明：

● TABLE：指定函数返回值的类型为表。

● SELECT 语句：单条 SELECT 查询语句，查询语句的结果作为函数返回的表。

【例 8-13】创建一个函数，名为 funteacher，输入系部名称，查询指定系部的教师的编号、姓名、性别、职称、学历、学位、专业信息。

1）打开 SQL Server Management Studio，在工具栏中单击"新建查询"按钮，打开 SQL编辑器，编写如下代码：

```
CREATE FUNCTION funteacher(@deptname varchar(50))
RETURNS table
AS
RETURN(SELECT 教师编号,教师姓名,性别,职称,学历,学位,专业
        FROM 教师 AS a JOIN 系部 AS b
        ON a.系部代码=b.系部代码
        WHERE 系部名称=@deptname)
```

2）单击工具栏中的"执行"按钮，展开"对象资源管理器"窗口的"学生管理"数据库下的"可编程性"文件夹，双击"函数"，展开"表值函数"，可以看到创建的函数前面加了所有者 dbo，运行结果如图 8-14 所示。

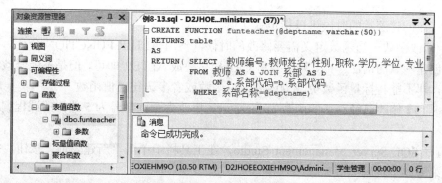

图 8-14　创建有参数的表值函数

3）在"查询编辑器"窗口中输入语句"SELECT ＊ FROM funteacher('电子系)"，单击工具栏中的"执行"按钮，查询电子系的教师的信息。

说明：

① 函数的参数的数据类型要和数据库中系部表的字段"系部名称"的数据类型相同。

② 返回的结果是表，SELECT 语句查询的结果就是表的格式，当作函数的结果。

【例 8-14】创建一个函数，名为 funstuscore，输入学号，查询指定学生的选课信息。

1）打开 SQL Server Management Studio，在工具栏中单击"新建查询"按钮，打开 SQL 编辑器，编写如下代码：

```
CREATE FUNCTION funstuscore(@stuid int=1)
RETURNS TABLE
AS
RETURN(SELECT xs.学号,姓名,性别,xk.课程编号,课程名称,成绩
        FROM 学生 AS xs JOIN 选课 AS xk ON xs.学号=xk.学号
                JOIN 课程 AS kc ON kc.课程编号=xk.课程编号
        WHERE xs.学号=@stuid)
```

2）单击工具栏中的"执行"按钮，展开"对象资源管理器"窗口的"学生管理"数据库下的"可编程性"文件夹，双击"函数"，展开"表值函数"，可以看到表值函数 dbo.funstuscore，查看其参数，@stuid 有默认值，运行结果如图 8-15 所示。

图 8-15　创建有默认参数值的表值函数

3）在"查询编辑器"窗口中输入语句"SELECT ＊ FROM funstuscore (DEFAULT)"，单击工具栏中的"执行"按钮，可以查询学号为默认值 1 的选课信息，参数 DEFAULT 也可以换成指定的学号。

说明：在创建函数的时候可以指定默认值。

（3）修改函数。当函数定义需要修改的时候，使用 ALTER FUNCTION 命令。修改函数的语法与创建函数的语法一样，只需要将 CREATE 换成 ALTER 即可，但是不能修改自定义函数的类型，即不能将标量函数更改为内联表值函数或者多语句表值函数。

【例 8-15】修改已经存在的函数为 funscore，更改为查询学号为 5 选修的课程编号为 1 的成绩。

1）打开 SQL Server Management Studio，在工具栏中单击"新建查询"按钮，打开 SQL 编辑器，编写如下代码：

```
ALTER FUNCTION funscore()
RETURNS decimal(5,2)
AS
BEGIN
  RETURN (SELECT 成绩
           FROM 选课
           WHERE 学号=5 AND 课程编号=1)
END
```

2）单击工具栏中的"执行"按钮，运行结果如图 8-16 所示。

图 8-16   修改函数

3）在"查询编辑器"窗口中输入语句"SELECT dbo.funscore()"，单击工具栏中的"执行"按钮，得出固定的学号为 5 的学生选修的课程编号为 1 的成绩。

说明：在修改函数的时候，可以修改函数的定义，但是如果更改函数返回值的类型，则会产生错误，即如果把函数返回值的类型 decimal(5,2)更改为 TABLE 类型，则会产生错误。

（4）删除用户自定义函数。

可以使用 DROP FUNCTION 命令删除自定义函数，语法格式如下：

```
DROP  FUNCTION 函数名
```

【例 8-16】删除函数 funscore。

1）打开 SQL Server Management Studio，在工具栏中单击"新建查询"按钮，打开 SQL 编辑器，编写如下代码：

```
DROP FUNCTION funstuscore
```

2）单击工具栏中的"执行"按钮，运行结果如图 8-17 所示。

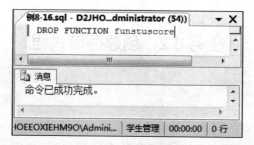

图 8-17　删除函数

3）在"查询编辑器"窗口中输入语句"SELECT　dbo.funscore()"，单击工具栏中的"执行"按钮，服务器会报错。

8.1.5　应用实践

在"销售"数据库中创建一个函数 funproduction，根据输入的顾客编号查询顾客购买的商品编号、商品名称、数量、价格、总价、商品类别。

（1）打开 SQL Server Management Studio，单击"对象资源管理器"中的"数据库"文件夹下的数据库"销售"。

（2）单击工具栏中的"新建查询"按钮，打开"查询编辑器"窗口。

（3）在"查询编辑器"窗口中输入以下代码：

```
CREATE FUNCTION funproduction(@customerid varchar(50))
RETURNS TABLE
AS
RETURN(SELECT sp.商品 ID,名称,类别名称,数量,价格,总价
        FROM　商品　AS sp JOIN　商品类型　AS splx
           ON sp.类别 ID=splx.类别 ID
           JOIN　销售　AS xs ON xs.商品 ID=sp.商品 ID
        WHERE　顾客 ID=@customerid)
```

（4）单击工具栏中的"执行"按钮，运行结果如图 8-18 所示。

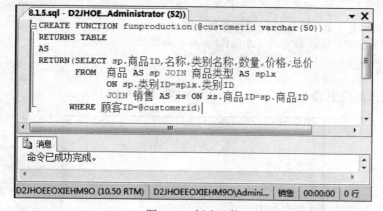

图 8-18　创建函数

（5）在"查询编辑器"窗口中输入语句"SELECT * FROM　funproduction(2)"，单击工具栏中的"执行"按钮，查询顾客编号为 2 的顾客购买的商品信息。

任务 8.2   创建存储过程

8.2.1   情景描述

根据学生信息管理系统的需求，数据库的开发人员需要创建一个存储过程，根据输入的职称统计这类职称的教师人数，同时返回教师的编号、姓名、性别、职称、学历、系部名称的具体信息。

8.2.2   问题分析

为了解决上述问题，需要完成以下任务：

（1）写出统计指定职称的查询语句。

（2）写出查询指定职称的教师信息的语句。

（3）写出创建存储过程的语句。

（4）调用存储过程以验证结果。

8.2.3   解决方案

（1）打开 SQL Server Management Studio，单击"对象资源管理器"中的"数据库"文件夹下的数据库"学生管理"。

（2）单击工具栏中的"新建查询"按钮，打开"查询编辑器"窗口。

（3）在"查询编辑器"窗口中输入以下代码：

```
CREATE PROC procteachercount @title varchar(20),@c int OUTPUT
AS
BEGIN
  SELECT @c=COUNT(*)
  FROM  教师
  WHERE  职称=@title

  SELECT  教师编号,教师姓名,性别,职称,学历,系部名称
  FROM  教师  JOIN  系部  ON  教师.系部代码=系部.系部代码
  WHERE  职称=@title
END
```

（4）单击工具栏中的"执行"按钮，运行结果如图 8-19 所示。

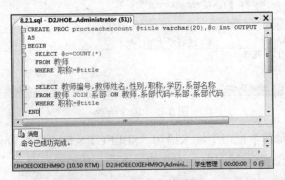

图 8-19   创建存储过程

（5）在"查询编辑器"窗口中输入以下语句之后，单击工具栏中的"执行"按钮，在结果栏的"消息"选项卡内返回查询结果影响的行数及统计的指定职称的人数，在"结果"选项卡中返回指定职称的教师信息：

```
DECLARE @count int
EXEC procteachercount '副教授',@count output
PRINT @count
```

8.2.4　知识总结

1. 存储过程的概念

用户自定义函数可以实现用户的某些要求，但是它只能返回一个数值或者一个表，不能带回更多的参数返回值，因此引入了能够处理更为复杂的任务并能带回更多参数返回值的存储过程，它是数据库中保存的预先编译好的独立的数据库对象，驻留在数据库中，可以被应用程序调用，并允许数据以参数的形式在过程与应用程序之间传递。

存储过程和函数也有相似之处，即都能接收输入参数的值、存储过程和函数的定义都包含对数据库进行查询修改的 SQL 语句、都有返回值；存储过程与函数也有很多区别，如它的返回值只是指明执行是否成功，不能像函数一样返回用户需要的结果；存储过程不能直接在表达式中使用，可以带多个输出参数，调用方式也和函数不同。

存储过程主要分为 3 类：系统存储过程、扩展存储过程和用户自定义存储过程。

系统存储过程是一组预编译的 SQL 语句，主要存储在 Master 数据库中，但是可以在其他数据库中直接调用，运行结果也显示在当前调用系统存储过程的数据库中，系统存储过程的名称均以 sp_为前缀，如我们以前学习过的 sp_help、sp_helpindex、sp_rename 等。

扩展存储过程是 SQL Server 实例可以动态加载和运行的 DLL，扩展存储过程的名称以_xp 为前缀。其使用方法和系统存储过程一样。

用户自定义存储过程是用户为完成某一特定任务而编写的存储过程，用户自定义存储过程存储在当前数据库中。在 SQL Server 2008 中，用户自定义存储过程又分为 T-SQL 存储过程和 CLR 存储过程。其中 CLR 存储过程主要是针对微软.NET Framework 公共语言运行时（CLR）方法的引用，可以接受和返回用户提供的参数，在.NET Framework 程序集是作为类的公共静态方法来实现的。T-SQL 存储过程是指保存的 T-SQL 语句集合，可以接受用户提供的参数，也可能从数据库向客户端应用程序返回数据。

2. 引入存储过程的好处

将完成特定功能的 SQL 语句的集合使用存储过程的方式保存是服务器性能提高的最佳方法之一，使用存储过程有很多优点，如下：

（1）存储过程在服务器端运行，执行速度快，存储过程创建好后被编译成可执行的系统代码保留在服务器中，一般用户只需要提供存储过程所需的参数，执行存储过程，就能得到所需的查询结果，而不用管具体的实现过程。

（2）存储过程存储在服务器上并在服务器上执行，网络上只传送存储过程执行的最终数据，可以减少网络流量。

（3）存储过程一旦创建，可以多次被用户调用，而不必重新编写 SQL 语句，实现了模块化程序设计的思想。

（4）存储过程如果需要修改，在修改之后，所有调用该存储过程的程序得到的结果都会随之改变，提高了程序的可移植性。

（5）用户可以被授予权限执行存储过程，而不必拥有访问存储过程中引用的表的权限，即当用户需要访问表中的数据但是没有权限的时候，可以设计一个存储过程来存取表中的数据，提供给用户，存储过程只作为一个存取通道，保护了数据的安全性。

3．存储过程的创建和调用

存储过程和表、视图等数据库对象一样，在使用前要先创建，使用 CREATE PROCEDURE 语句创建存储过程的语法格式如下：

```
CREATE PROCEDURE 存储过程名 参数列表
WITH ENCRYPTION
AS
BEGIN
    SQL 语句
END
```

参数说明：

● 存储过程名：指定自定义存储过程的名称，遵守标识符的命名规则，建议前缀加 proc。

● 参数列表：可以省略，格式为"参数名　数据类型"，参数之间用逗号分隔，参数可以指定默认值，格式为"参数名　数据类型=默认值"，如果是输出参数，格式为"参数名　数据类型　OUTPUT"。

● WITH ENCRYPTION：用于加密存储过程定义语句的文本。

● SQL 语句：合法的 SQL 语句，用于定义存储过程执行的操作。

如果存储过程的定义只有一条 SQL 语句，那么 BEGIN…END 可以省略。

存储过程创建成功后，可以使用 EXECUTE 命令执行存储过程，EXECUTE 可以省略为 EXEC。

【例 8-17】创建存储过程 procscore，查询学号为 6、选修的课程编号为 2 的成绩。

（1）打开 SQL Server Management Studio，在工具栏中单击"新建查询"按钮，打开 SQL 编辑器，编写如下代码：

```
CREATE PROCEDURE procscore
AS
BEGIN
    SELECT 成绩
    FROM 选课
    WHERE 学号=6 AND 课程编号=2
END
```

（2）单击工具栏中的"执行"按钮，运行结果如图 8-20 所示。

图 8-20　创建无参数存储过程

（3）在"查询编辑器"窗口中输入语句"EXEC procscore"，单击工具栏中的"执行"按钮，查询固定的学号为 6 的学生选修的课程编号为 2 的成绩。

说明：

① 存储过程的定义只有一条 SQL 语句，此例中 BEGIN…END 可以省略。

② EXEC 是关键字 EXECUTE 的简写形式。

③ 执行存储过程的时候，如果一次只执行一条语句，那么 EXEC 也可以省略。

【例 8-18】创建一个存储过程，名为 procscorenew，输入学号和课程编号，查询指定学号和课程编号的成绩。

（1）打开 SQL Server Management Studio，在工具栏中单击"新建查询"按钮，打开 SQL 编辑器，编写如下代码：

```
CREATE PROC procscorenew @stuid int,@courseid int
AS
  SELECT  成绩
  FROM  选课
  WHERE  学号=@stuid AND  课程编号=@courseid
```

（2）单击工具栏中的"执行"按钮，展开"对象资源管理器"窗口的"学生管理"数据库下的"可编程性"文件夹，双击"存储过程"，可以看到创建的存储过程前面加了所有者 dbo，运行结果如图 8-21 所示。

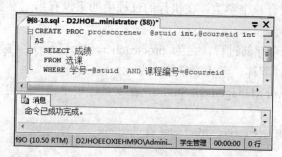

图 8-21 创建有参数存储过程

（3）在"查询编辑器"窗口中输入语句"procscorenew 1,1"，单击工具栏中的"执行"按钮，得出学号为 1 的学生选修的课程编号为 1 的成绩。

说明：

① PROC 是关键字 PROCEDURE 的简写形式。

② 存储过程只用了一条 SQL 语句，BEGIN…END 可以省略。

③ 存储过程的执行只有一条语句，EXEC 可以省略。

④ 实际参数和存储过程定义指定的参数要一一对应。

【例 8-19】创建一个存储过程，名为 procclass，输入班级编号，查询指定班级的学生人数。

（1）打开 SQL Server Management Studio，在工具栏中单击"新建查询"按钮，打开 SQL 编辑器，编写如下代码：

```
CREATE PROC procclass @classid int=1
AS
  SELECT COUNT(*)
  FROM  学生
  WHERE  班级编号=@classid
```

（2）单击工具栏中的"执行"按钮，展开"对象资源管理器"窗口的"学生管理"数据库下的"可编程性"文件夹，双击"存储过程"，可以看到创建的存储过程前面加了所有者 dbo，运行结果如图 8-22 所示。

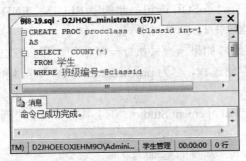

图 8-22 创建带默认参数值的存储过程

（3）在"查询编辑器"窗口中输入语句"procclass"，单击工具栏中的"执行"按钮，显示班级编号为默认值 1 的学生人数。

说明：

① PROC 是关键字 PROCEDURE 的简写形式。

② 存储过程的执行也可以用 EXEC   procclass。

③ 存储过程的定义有一个参数，在执行的过程中如果没有指定参数值，则用默认的参数值，也可以指定班级编号。

【例 8-20】创建一个存储过程，名为 procteacher，输入系部名称，查询指定系部的教师编号、教师姓名、性别、职称、学历、学位、专业。

（1）打开 SQL Server Management Studio，在工具栏中单击"新建查询"按钮，打开 SQL编辑器，编写如下代码：

```
CREATE PROCEDURE procteacher @deptname varchar(50)
WITH ENCRYPTION
AS
  SELECT 教师编号,教师姓名,性别,职称,学历,学位,专业
  FROM 教师 AS a JOIN 系部 AS b ON a.系部代码=b.系部代码
  WHERE 系部名称=@deptname
```

（2）单击工具栏中的"执行"按钮，运行结果如图 8-23 所示。

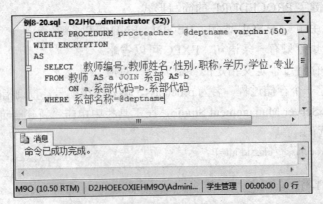

图 8-23 创建加密的存储过程

（3）在"查询编辑器"窗口中输入语句"procteacher '计算机系'"，单击工具栏中的"执行"按钮，显示计算机系的老师信息。

【例8-21】创建一个存储过程，名为 procsum，输入一个数 n，计算从 1 到输入的数 n 的和。

（1）打开 SQL Server Management Studio，在工具栏中单击"新建查询"按钮，打开 SQL 编辑器，编写如下代码：

```
CREATE PROC procsum @n int,@sum int OUTPUT
AS
BEGIN
  DECLARE @i int
  SET @i=1
  SET @sum =0
  WHILE @i<=@n
    BEGIN
      SET @sum=@sum+@i
      SET @i=@i+1
    END
END
```

（2）单击工具栏中的"执行"按钮，运行结果如图8-24所示。

图 8-24　创建带输出参数的存储过程

（3）在"查询编辑器"窗口中输入以下语句之后，单击工具栏中的"执行"按钮，计算出从 1 到输入参数 100 的和：

```
DECLARE @sum int
EXEC procsum 100,@sum output
PRINT @sum
```

说明：

① 以上 3 条语句要同时执行。

② 带输出参数的存储过程的执行要先使用 DECLARE 声明一个参数，作为输出参数，在执行存储过程的时候，输出参数@sum 后要用 output 修饰。

③ 如果存储过程的执行不是在一批次执行的多条语句的最前面，则 EXEC 关键字不能省略。

④ 存储过程执行后使用@sum 输出参数返回结果，用 PRINT 语句输出其值。

【例 8-22】创建一个存储过程，名为 procscorecourse，输入课程编号，查询指定课程编号的课程的最高成绩、最低成绩、平均成绩，并查询成绩低于指定课程平均分的学生的学号、姓名、性别、身份证号。

（1）打开 SQL Server Management Studio，在工具栏中单击"新建查询"按钮，打开 SQL 编辑器，编写如下代码：

```
CREATE PROC procscorecourse    @courseid int,
                               @maxscore numeric(5,2) OUTPUT,
                               @minscore numeric(5,2) OUTPUT,
                               @avgscore numeric(5,2) OUTPUT

AS
BEGIN
    SELECT @maxscore=MAX(成绩),@minscore=MIN(成绩),@avgscore=AVG(成绩)
    FROM 选课
    WHERE 课程编号=@courseid

    SELECT 学生.学号,姓名,性别,身份证号
    FROM 学生 JOIN 选课 ON 学生.学号=选课.学号
    WHERE 成绩<@avgscore
END
```

（2）单击工具栏中的"执行"按钮，运行结果如图 8-25 所示。

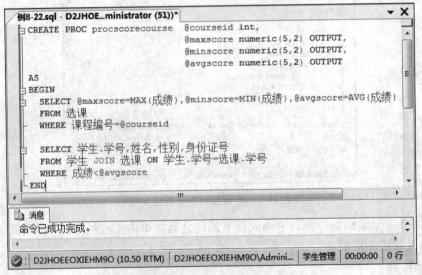

图 8-25   创建带多个输出参数的存储过程

（3）在"查询编辑器"窗口中输入以下语句之后，单击工具栏中的"执行"按钮，在结果栏的"消息"选项卡内返回查询结果影响的行数及最高成绩、最低成绩、平均成绩，在"结果"选项卡中返回小于平均成绩的学生的信息，如图 8-26 所示。

```
DECLARE @max numeric(5,2),@min numeric(5,2),@avg numeric(5,2)
EXEC procscorecourse 1,@max output,@min output,@avg output
PRINT '最高分：'+CONVERT(VARCHAR(5),@max)
PRINT '最低分：'+CONVERT(VARCHAR(5),@min)
PRINT '平均分：'+CONVERT(VARCHAR(5),@avg)
```

 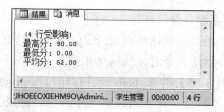

图 8-26　存储过程执行结果

说明：

① 存储过程需要三个输出参数，用 DECLARE 声明三个参数，分别用来接收存储过程的返回值。

② 在执行存储过程的时候，输入参数直接赋值 1，输出参数后面用 output 修饰，接收返回值。

③ 打印返回值的结果和 SELECT 语句查询的行数在"消息"选项卡中显示。

④ SELECT 查询语句的返回值在"结果"选项卡中显示。

4. 修改存储过程

当存储过程的定义需要修改的时候，使用 ALTER PROCEDURE 命令，修改存储过程的语法与创建存储过程的语法一样，只需要将 CREATE 换成 ALTER 即可。

【例 8-23】修改已经存在的存储过程名为 procscore，更改为查询学号为 5、选修的课程编号为 1 的成绩。

（1）打开 SQL Server Management Studio，在工具栏中单击"新建查询"按钮，打开 SQL 编辑器，编写如下代码：

```
ALTER PROCEDURE procscore
AS
BEGIN
  SELECT  成绩
  FROM  选课
  WHERE  学号=5 AND  课程编号=1
END
```

（2）单击工具栏中的"执行"按钮。

（3）在"查询编辑器"窗口中输入语句"procscore"，单击工具栏中的"执行"按钮，查询固定的学号为 5 的学生选修的课程编号为 1 的成绩。

5. 删除用户自定义存储过程

可以使用 DROP PROCEDURE 命令删除自定义存储过程，语法格式如下：

```
DROP PROCEDURE 存储过程名
```

【例 8-24】删除存储过程 procscore。

（1）打开 SQL Server Management Studio，在工具栏中单击"新建查询"按钮，打开 SQL 编辑器，编写如下代码：

```
DROP PROCEDURE procscore
```

（2）单击工具栏中的"执行"按钮。

（3）在"查询编辑器"窗口中输入语句"procscore"，单击工具栏中的"执行"按钮，会提示找不到存储过程 procscore。

6. 查看存储过程信息

可以用系统存储过程 sp_help 查看存储过程的基本信息，用 sp_helptext 查看存储过程的定义信息，用法和查看视图信息相同。

【例 8-25】用 sp_help 查看存储过程 procscorecourse 的基本信息。

（1）打开 SQL Server Management Studio，在工具栏中单击"新建查询"按钮，打开 SQL 编辑器，编写如下代码：

```
sp_help procscorecourse
```

（2）单击工具栏中的"执行"按钮，运行结果如图 8-27 所示。

图 8-27　用 sp_help 查看存储过程的基本信息

【例 8-26】用 sp_helptext 查看存储过程 procscorecourse 的定义信息。

（1）打开 SQL Server Management Studio，在工具栏中单击"新建查询"按钮，打开 SQL 编辑器，编写如下代码：

```
sp_helptext   procscorecourse
```

（2）单击工具栏中的"执行"按钮，运行结果如图 8-28 所示。

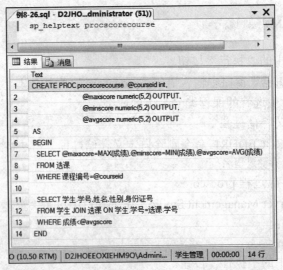

图 8-28　用 sp_helptext 查看存储过程的定义信息

【例 8-27】用 sp_helptext 查看加密存储过程 procteacher 的定义信息。

（1）打开 SQL Server Management Studio，在工具栏中单击"新建查询"按钮，打开 SQL

编辑器，编写如下代码：

```
sp_helptext    procteacher
```

（2）单击工具栏中的"执行"按钮，运行结果如图 8-29 所示。

图 8-29 用 sp_helptext 查看加密存储过程

7. 重命名存储过程

可以用 sp_rename 来对存储过程进行改名，语法格式如下：

```
sp_rename 存储过程原名,存储过程新名称
```

参数说明：

- 存储过程原名：指定数据库中存在的存储过程的名称。
- 存储过程新名称：指定存储过程更改名称后的名称。

【例 8-28】用 sp_rename 更改存储过程 procteacher 为 procteachernew。

（1）打开 SQL Server Management Studio，在工具栏中单击"新建查询"按钮，打开 SQL 编辑器，编写如下代码：

```
sp_rename    procteacher,procteachernew
```

（2）单击工具栏中的"执行"按钮，运行结果如图 8-30 所示。

图 8-30 重命名存储过程

8.2.5 应用实践

在"销售"数据库中创建一个存储过程，根据输入的供应商名称统计从该供应商进货的商品数量，并查询从该供应商进货的商品的编号、名称、价格、保质期。

（1）打开 SQL Server Management Studio，单击"对象资源管理器"中的"数据库"文件夹下的数据库"销售"。

（2）单击工具栏中的"新建查询"按钮，打开"查询编辑器"窗口。

（3）在"查询编辑器"窗口中输入以下代码：

```
CREATE PROC procproduct @supplyname varchar(50),@c int OUTPUT
AS
BEGIN
  SELECT @c=COUNT(*)
```

```
   FROM 进货
WHERE 供应商ID=(SELECT 供应商ID
                 FROM 供应商
                 WHERE 名称=@supplyname)

SELECT 商品.商品ID ,商品.名称,商品.价格,商品.保质期
FROM 商品 JOIN 进货 ON 商品.商品ID=进货.商品ID
        JOIN 供应商 ON 供应商.供应商ID=进货.供应商ID
                 AND 供应商.名称=@supplyname
END
```

（4）单击工具栏中的"执行"按钮，运行结果如图 8-31 所示。

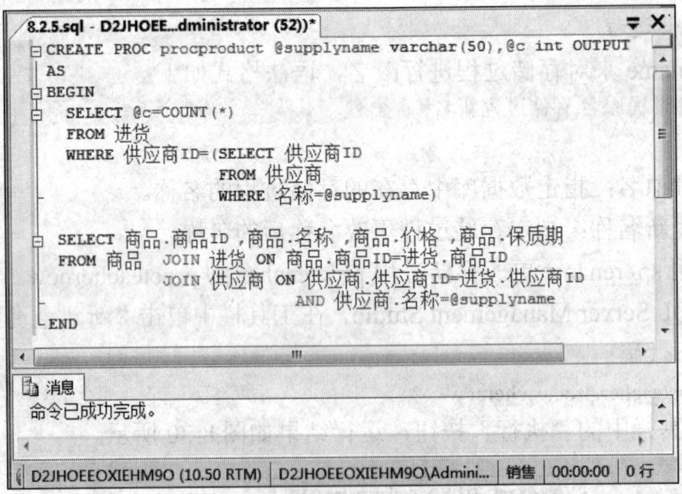

图 8-31   创建存储过程

（5）在"查询编辑器"窗口中输入以下语句之后，单击工具栏中的"执行"按钮，在结果栏的"消息"选项卡内返回查询结果影响的行数及从指定供应商进货的商品的个数，在"结果"选项卡中返回从指定供应商进货的商品信息。

```
DECLARE @count int
EXEC procproduct '重庆渝州服装厂',@count output
PRINT @count
```

任务 8.3   创建触发器

8.3.1   情景描述

在"班级"表中，用专业代码存储班级所在的专业信息，但是专业代码在"班级"表中并没有被设置外键，以关联专业表的专业代码字段。这样在"班级"表中插入记录的时候，很容易保存一条不存在的专业代码的班级信息。数据库开发人员经过分析得出两种方案：一是需要修改"专业"表，增加专业代码的外键关联；二是在"专业"表中创建一个触发器来完成。经过考虑，数据库开发人员采用了第二种方案。

8.3.2　问题分析

为了解决上述问题，需要完成以下任务：

（1）在"班级"表中创建一个插入触发器。

（2）在"班级"表中执行插入操作，激活触发器，验证触发器的工作。

8.3.3　解决方案

（1）打开 SQL Server Management Studio，单击"对象资源管理器"中的"数据库"文件夹下的数据库"学生管理"。

（2）单击工具栏中的"新建查询"按钮，打开"查询编辑器"窗口。

（3）在"查询编辑器"窗口中输入以下代码：

```
CREATE TRIGGER    triclassinsert
ON  班级    AFTER INSERT
AS
BEGIN
  IF (select  专业代码  FROM inserted) NOT IN (SELECT  专业代码  FROM  专业)
    BEGIN
      PRINT '你要插入的班级信息的专业代码在"专业"表中不存在!'
      ROLLBACK
    END
END
```

（4）单击工具栏中的"执行"按钮，提示"命令成功完成"，在"对象资源管理器"窗口的"班级"表下的"触发器"文件夹中可以看到创建的触发器。

（5）在"查询编辑器"窗口中输入以下语句之后，单击工具栏中的"执行"按钮，激活触发器，运行结果如图 8-32 所示。

```
INSERT INTO  班级  VALUES(8,'计算机 1403',8,'2014 级','张静','互联网')
```

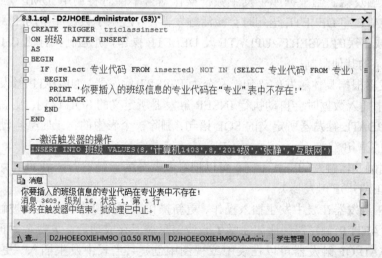

图 8-32　触发器的创建与激活

（6）在"查询编辑器"窗口中输入语句"SELECT * FROM 班级 WHERE 班级代码=8"，单击工具栏中的"执行"按钮，查询结果为空，则刚才的插入操作被撤消执行。

8.3.4 知识总结

1. 触发器的概念

触发器和存储过程一样，是一组 T-SQL 语句的集合，是一种特殊的存储过程，作为表的一部分被创建，当向表中插入、更新或删除记录的时候自动执行，不能像存储过程一样由用户调用执行，只要触发器触发的条件满足，就会自动触发执行。

触发器一旦执行，就会产生两个临时表：已插入表（inserted）和已删除表（deleted），这两个临时表存储在内存中，由系统管理，用户不能执行插入、更新和删除操作，只能执行查询操作；表的结构与该触发器所在的表是相同的，具有相同的列名和列的定义。当触发器工作完成后，这两张临时表也会被删除。

inserted 表用于存储插入操作和更新操作语句所影响行的副本，即在 inserted 表中临时保存被插入的记录或被更新后的记录。当在一个表中执行插入操作或更新操作时，新插入的记录和更新后的记录先添加到 inserted 表中，我们可以从 inserted 表中检查新数据是否满足要求，如果不满足，则向用户报告错误消息，并使用 ROOLBACK 语句撤消插入操作或更新操作。

deleted 表用于存储删除操作和更新操作所影响行的副本，即在 deleted 表中临时保存被删除的记录或被更新前的记录。在执行删除操作时，被删除的记录先添加到 deleted 表中，我们可以从 deleted 表中检查删除的数据行是否能被删除，如果不能，则使用 ROOLBACK 语句撤消此删除操作，执行更新操作时，更新前的记录添加到 deleted 表中，更新后的记录添加到 inserted 表中，可以对比前后的变化，不符合要求，则使用 ROOLBACK 语句撤消更新操作。

2. 触发器的分类

（1）根据触发器触发事件的不同，可以把触发器分为两大类：DML（数据操作语言）触发器和 DDL（数据定义语言）触发器。

1）DDL 触发器。当服务器和数据库中发生数据定义语言事件时将调用 DDL 触发器，如执行 CREATE、ALTER 和 DROP 语句时会激活触发器，一般用于在数据库中执行管理任务。

2）DML 触发器。当数据库中发生数据操作语言事件时将调用 DML 触发器，如执行 INSERT、UPDATE 和 DELETE 语句时会激活触发器，一般用于数据库中的相关表实现级联更改，防止恶意或错误的 INSERT、UPDATE 及 DELETE 操作，并强制执行比 CHECK 约束定义的限制更为复杂的其他限制。

DML 触发器根据具体触发的语句，又分为 INSERT 触发器、UPDATE 触发器和 DELETE 触发器。向表中插入数据时会自动执行 INSER 触发器所定义的 SQL 语句；更新表中的数据时会自动执行 UPDATE 触发器所定义的 SQL 语句；删除一个表中的记录时会自动执行 DELETE 触发器所定义的语句。

（2）根据触发器触发的方式不同，可以把触发器分为后触发器（AFTER 触发器）和替代触发器（INSTEAD OF 触发器）。

1）AFTER 触发器在表中发生插入操作、更新操作或删除操作执行之后被触发，一个表中可以存在多个 AFTER 触发器。比如在学生缴费信息被保存成功后，欠费金额再被更新。

2）INSTEAD OF 触发器可以在表中或视图中创建，当表中发生插入、更新或删除操作时，指定用触发器中的操作代替触发语句的操作。一个表或视图中只能有一个 INSTEAD OF 触发器。

3. 触发器的作用

触发器是建立在触发事件上的，可以用来对表实施复杂的约束，当触发器所保护的数据发生变化时，触发器会自动激活，从而防止对数据的错误改变，对于保护表中数据的正确性有很大的作用。

（1）保持数据同步。

在关系数据库中，一个表中的数据与其他表中的数据是相关的，当在一个表中操作数据的时候，需要检验和确认它对相关表中数据的影响。比如一个公司的数据库有两张表：一个是在职员工表，另一个是退休员工表，当一个员工 A 退休时，需要从在职员工表中删除，这个员工的记录在退休员工表中出现，就可以使用触发器来完成，一旦删除员工 A 的信息，就无条件地自动触发一个动作，将员工 A 的信息插入到退休员工表中。

在学生缴费系统中，有的学生缴纳学费的时候不能一次性缴清，就有欠费数据，当每次缴纳学费的时候，有一条缴纳学费的记录，欠费记录的更新就可以由触发器完成，自动减去当前已缴纳的金额。

（2）能够对表中的数据进行级联修改。

在"教师信息"表的"系部代码"列上设置引用了"系部"表的主键"系部代码"字段作为两个表的外键联系，防止"教师"表中出现不存在的系部信息，这样如果"教师"表中存在系部的信息，它在"系部"表中就不能删除。如果确实要删除系部的信息，那么删除系部信息的同时，也要删除"教师"表中与之相关的记录，这种级联修改只能使用触发器来实现，首先在"系部"表中创建一个由删除操作触发的触发器，当在"系部"表中删除系部代码为 x 的系部信息的时候，触发器就自动把"教师"表中所有系部代码为 x 的老师的信息删除，这样就可以顺利实现删除系部信息的同时这个系部的老师的信息也一并删除。

（3）触发器可以实现比 CHECK 约束更为复杂的约束。

CHECK 约束不能引用其他表中的列来实现检查操作，而触发器可以。例如，当要更新申报的项目信息的时候，查看对应项目的审核标记是否为"已审核"，如果是，则不能更新项目信息。

（4）防止非法修改数据。

当违反引用完整性的操作发生时，触发器会撤消或者回滚这些操作。

4. DDL 触发器的创建与管理

（1）创建 DDL 触发器。

使用 CREATE TRIGGER 命令创建 DDL 触发器的语法规则如下：

```
CREATE TRIGGER　触发器名
ON　ALLSERVER|DATABASE
AFTER|FOR　操作
AS
BEGIN
    SQL 语句
END
```

参数说明：

- 触发器名：指定定义的触发器名称，遵守标识符的命名规则，但不能以#或##开头，建议前缀加 tri。
- ALLSERVER|DATABASE：指定触发器的作用域，ALLSERVER 指触发器应用于整个

服务器，DATABASE 指触发器作用于当前数据库，两者选一个。
- AFTER|FOR：指定触发器指定的操作成功执行后被触发，两者选一个，实现的功能相同。
- 操作：指定触发器触发的操作，即 DDL 触发器触发的事件。
- SQL 语句：触发器实现的操作。

【例 8-29】在"学生管理"数据库中创建触发器 triddl，不允许对数据库中的表作任何修改。

1）打开 SQL Server Management Studio，在工具栏中单击"新建查询"按钮，打开 SQL 编辑器，编写如下代码：

```
CREATE TRIGGER triddl
ON DATABASE
FOR ALTER_TABLE
AS
BEGIN
    PRINT '不能修改表'
    ROLLBACK
END
```

2）单击工具栏中的"执行"按钮，触发器创建成功后再在"查询编辑器"窗口中输入触发器触发的操作，单击工具栏中的"执行"按钮，如图 8-33 所示，测试触发器的功能。

```
ALTER TABLE 学生 ADD 健康状况 varchar(6)
```

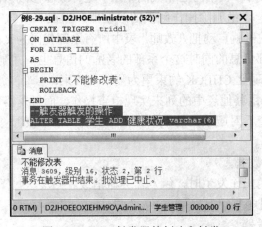

图 8-33   DDL 触发器的创建和触发

（2）修改 DDL 触发器。

DDL 触发器创建完成后，如果需要修改定义，则把 CREATE 改为 ALTER 即可。

【例 8-30】在"学生管理"数据库中修改触发器 triddl，不允许对数据库中的表进行删除操作。

1）打开 SQL Server Management Studio，在工具栏中单击"新建查询"按钮，打开 SQL 编辑器，编写如下代码：

```
ALTER TRIGGER triddl
ON DATABASE
FOR DROP_TABLE
AS
BEGIN
```

```
    PRINT '不能删除表'
    ROLLBACK
END
```

2）单击工具栏中的"执行"按钮，触发器创建成功后再在"查询编辑器"窗口中输入触发器触发的操作，单击工具栏中的"执行"按钮，如图 8-34 所示，测试触发器的功能。

```
--触发器触发的事件
DROP TABLE 学生备份
```

图 8-34 激活触发器

说明：如果删除的是"学生"表，则会提示"无法删除对象'学生'，因为该对象正由一个 FOREIGN KEY 约束引用"，因为触发器运行之前首先要检查表中原有的约束，如果操作发生不满足约束条件，则操作也不能执行，该触发器是操作执行后发生的，所以删除"学生"表也不会激活该触发器。

（3）删除 DDL 触发器。

使用 DROP TRIGGER 命令删除 DDL 触发器的语法规则如下：

```
DROP   TRIGGER   触发器名
ON   ALLSERVER|DATABASE
```

参数说明：

● 触发器名：指定要删除的触发器的名称，如果是多个触发器，名称之间用逗号分隔。

● ALLSERVER|DATABASE：指定删除的触发器的作用域。

【例 8-31】在"学生管理"数据库中删除触发器 triddl。

1）打开 SQL Server Management Studio，在工具栏中单击"新建查询"按钮，打开 SQL 编辑器，编写如下代码：

```
DROP TRIGGER   triddl ON   DATABASE
```

2）单击工具栏中的"执行"按钮，触发器创建成功后再在"查询编辑器"窗口中输入触发器触发的操作，单击工具栏中的"执行"按钮，由于限制删除表的触发器已经不存在了，因此会删除成功。

```
--触发器触发的事件
DROP TABLE 学生备份
```

5. DML 触发器的创建与管理

（1）创建 DML 触发器。

使用 CREATE TRIGGER 命令创建 DML 触发器的语法规则如下：

```
CREATE TRIGGER   触发器名
ON   表名|视图名
AFTER|FOR|INSTEAD OF [INSERT][,][UPDATE][,][DELETE]
AS
BEGIN
    SQL 语句
END
```

参数说明：

- 触发器名：指定定义的触发器名称，遵守标识符的命名规则，但不能以#或##开头，建议前缀加 tri。
- 表名|视图名：指定触发器所在的表名或视图名，两者选一个，视图只能被 INSTEAD OF 触发器引用。
- AFTER|FOR|INSTEAD OF：AFTER 或 FOR 指定 DML 触发器仅在触发 SQL 语句中指定的所有操作都已成功执行时才触发，INSTEAD OF 替代类型触发器，执行触发器的操作来替代触发的 SQL 语句的执行。对于每一个 INSERT、UPDATE 或 DELETE 语句只能定义一个 INSTEAD OF 触发器。
- [INSERT][,][UPDATE][,][DELETE]：激活触发器的操作，这里可以选取任意组合，中间用逗号隔开。
- SQL 语句：触发器实现的操作。

【例 8-32】在"系部"表中创建插入触发器 triinsertstu，一旦数据插入成功，打印一个提示消息"数据插入成功"。

1）打开 SQL Server Management Studio，在工具栏中单击"新建查询"按钮，打开 SQL 编辑器，编写如下代码：

```
CREATE TRIGGER triinsertstu
ON 系部
AFTER INSERT
AS
    PRINT '数据插入成功！'
```

2）单击工具栏中的"执行"按钮，触发器创建成功后再在"查询编辑器"窗口中输入触发器触发的操作，单击工具栏中的"执行"按钮，如图 8-35 所示，在表中执行插入操作，触发器被激活，提示"数据插入成功！"。

```
INSERT INTO 系部    VALUES(6,'会计系','61232123','潘刚')
```

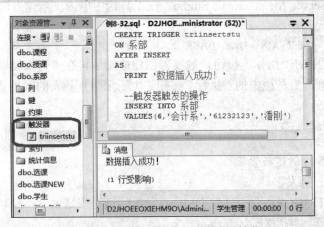

图 8-35　INSERT 触发器的创建和触发

3）在"查询编辑器"窗口中输入语句"SELECT * FROM 系部 WHERE 系部代码=6"，单击工具栏中的"执行"按钮，可以查看到刚增加的记录。

【例 8-33】在"专业"表中创建一个触发器 trimajor，禁止更新"专业代码"字段。

1）打开 SQL Server Management Studio，在工具栏中单击"新建查询"按钮，打开 SQL

编辑器，编写如下代码：

```
CREATE TRIGGER trimajor
ON 专业 FOR UPDATE
AS
BEGIN
    IF UPDATE(专业代码)
        BEGIN
            PRINT '专业代码是主键，不允许更新！'
            ROLLBACK
        END
END
```

2）单击工具栏中的"执行"按钮，触发器创建成功后再在"查询编辑器"窗口中输入触发器触发的操作，单击工具栏中的"执行"按钮，如图 8-36 所示，在表中执行更新"专业代码"字段，触发器被激活，提示"专业代码是主键，不允许更新！"。

```
UPDATE 专业 SET 专业代码=9
WHERE 专业名称='信息管理技术'
```

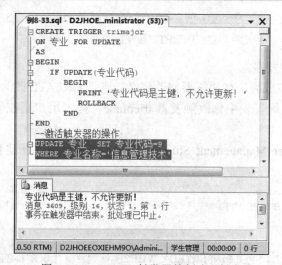

图 8-36　UPDATE 触发器的创建和触发

3）在"查询编辑器"窗口中输入语句"SELECT * FROM 专业 WHERE 专业名称='信息管理技术'"，单击工具栏中的"执行"按钮，可以查看到专业代码还是原来的 4。

【例 8-34】在"课程"表中创建一个触发器 tricourse，禁止删除必修课程。

1）打开 SQL Server Management Studio，在工具栏中单击"新建查询"按钮，打开 SQL 编辑器，编写如下代码：

```
CREATE TRIGGER tricourse
ON 课程 INSTEAD OF DELETE
AS
BEGIN
    IF EXISTS(SELECT * FROM deleted WHERE 课程性质 LIKE '%必修%')
        BEGIN
            PRINT '不能删除必修课程，包括专业必修课和公共必修课'
            ROLLBACK
```

```
        END
END
```

2）单击工具栏中的"执行"按钮，触发器创建成功后再在"查询编辑器"窗口中输入触发器触发的操作，单击工具栏中的"执行"按钮，如图 8-37 所示，在表中删除专业必修课，触发器被激活，提示"不能删除必修课程，包括专业必修课和公共必修课！"。

```
DELETE 课程 WHERE 课程性质='专业必修课'
```

图 8-37   DELETE 触发器的创建与触发

（2）修改 DML 触发器。

DML 触发器创建完成后，如果需要修改定义，则把 CREATE 改为 ALTER 即可。

【例 8-35】在"课程"表中修改触发器 tricourse，提示用户正在修改必修课程，并取消操作。

1）打开 SQL Server Management Studio，在工具栏中单击"新建查询"按钮，打开 SQL 编辑器，编写如下代码：

```
ALTER TRIGGER tricourse
ON 课程  INSTEAD OF UPDATE
AS
BEGIN
    IF EXISTS(SELECT * FROM INSERTED   WHERE  课程性质  LIKE '%必修%')
        BEGIN
            PRINT '您正在修改被保护的必修课程，请取消您的操作'
            ROLLBACK
        END
END
```

2）单击工具栏中的"执行"按钮，触发器修改成功后再在"查询编辑器"窗口中输入触发器触发的操作，单击工具栏中的"执行"按钮，如图 8-38 所示，测试触发器的功能。

```
UPDATE 课程 SET 学分=6 WHERE 课程性质='专业必修课'
```

图 8-38   触发器激活

（3）删除 DML 触发器。

使用 DROP TRIGGER 命令删除 DML 触发器的语法规则如下：

DROP TRIGGER 触发器名

【例 8-36】在"学生管理"数据库中删除触发器 triddl。

1）打开 SQL Server Management Studio，在工具栏中单击"新建查询"按钮，打开 SQL 编辑器，编写如下代码：

DROP TRIGGER triinsertstu

2）单击工具栏中的"执行"按钮，触发器删除成功后再在"查询编辑器"窗口中输入触发器触发的操作，单击工具栏中的"执行"按钮，由于 INSERT 触发器已经不存在了，因此不会提示插入成功。

INSERT INTO 系部　VALUES(7,'物理系','62109876','王青')

（4）查看 DML 触发器。

可以使用系统存储过程 sp_help 和 sp_helptext 查看触发器的相关信息。

【例 8-37】分别用 sp_help 和 sp_helptext 查看触发器 tricourse 的信息。

1）打开 SQL Server Management Studio，在工具栏中单击"新建查询"按钮，打开 SQL 编辑器，编写如下代码：

sp_help tricourse

2）单击工具栏中的"执行"按钮，运行结果如图 8-39 所示。

图 8-39　用 sp_help 查看触发器信息

3）在"查询编辑器"窗口中输入以下代码，单击工具栏中的"执行"按钮，运行结果如图 8-40 所示：

sp_helptext tricourse

图 8-40　用 sp_helptext 查看触发器信息

（5）禁用和启用 DML 触发器。

当不再需要一个触发器的时候，可以删除触发器，如果以后还需要该触发器，则要重新创建触发器。除了删除触发器，还可以禁用触发器，当触发器被禁用后，该触发器还存在于当前数据库中，但是触发器不会被触发，如果以后再次需要该触发器，还可以重新启用它。

使用 DISABLE TRIGGER 语句禁用触发器的语法如下：

```
DISABLE   TRIGGER   触发器名   ON   表名
```

使用 ENABLE TRIGGER 语句启用触发器的语法如下：

```
ENABLE   TRIGGER   触发器名   ON   表名
```

【例 8-38】禁用"课程"表的触发器 tricourse。

1）打开 SQL Server Management Studio，在工具栏中单击"新建查询"按钮，打开 SQL 编辑器，编写如下代码：

```
DISABLE TRIGGER tricourse ON  课程
```

2）单击工具栏中的"执行"按钮，禁用触发器后在"查询编辑器"窗口中输入语句"INSERT INTO 课程 VALUES(6,'MYSQL 数据库','专业必修课',3,'第二学期','专业拓展')"，在"课程"表中先添加一条记录（因为"课程"表的信息在"选课"表中有外键引用，所以不允许删除）。

3）在"查询编辑器"窗口中输入语句"DELETE FROM 课程 WHERE 课程编号=6"，单击工具栏中的"执行"按钮，触发器不能被激活，会成功删除必修课程。

【例 8-39】启用课程表的触发器 tricourse。

1）打开 SQL Server Management Studio，在工具栏中单击"新建查询"按钮，打开 SQL 编辑器，编写如下代码：

```
ENABLE TRIGGER tricourse ON  课程
```

2）单击工具栏中的"执行"按钮，禁用触发器后在"查询编辑器"窗口中输入语句"INSERT INTO 课程 VALUES(7,'ACCESS 数据库','专业必修课',3,'第一学期','专业拓展')"，在"课程"表中先添加一条记录（因为"课程"表的信息在"选课"表中有外键引用，所以不允许删除）。

3）在"查询编辑器"窗口中输入语句"DELETE FROM 课程 WHERE 课程编号=7"，单击工具栏中的"执行"按钮，触发器被激活，提示"您正在修改被保护的必修课程，请取消您的操作"。

8.3.5　应用实践

在"销售"数据库中，在"商品类型"表中创建一个触发器，如果有此类型的商品信息，则不允许删除商品类型的信息。

（1）打开 SQL Server Management Studio，单击"对象资源管理器"中的"数据库"文件夹下的数据库"销售"。

（2）单击工具栏中的"新建查询"按钮，打开"查询编辑器"窗口。

（3）在"查询编辑器"窗口中输入以下代码：

```
CREATE TRIGGER triproducttype
ON 商品类型 INSTEAD OF   DELETE
AS
BEGIN
IF EXISTS(SELECT * FROM 商品 WHERE 类别 ID IN(SELECT 类别 ID FROM deleted ))
    BEGIN
        PRINT '不能删除该商品类别，在"商品"表中有此类别的商品信息'
        ROLLBACK
    END
END
```

（4）单击工具栏中的"执行"按钮，运行结果如图 8-41 所示。

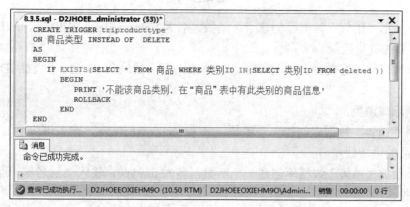

图 8-41 创建 DELETE 触发器

（5）在"查询编辑器"窗口中输入以下语句，单击工具栏中的"执行"按钮，运行结果如图 8-42 所示：

```
DELETE FROM 商品类型 WHERE 类别ID=2
```

图 8-42 激活删除触发器

单元小结

1．常量与变量。

2．选择结构 IF...ELSE 语句。

3．多分支选择结构 CASE...WHEN...THEN 语句。

4．循环结构 WHILE 语句。

5．RETURN 语句。

6．创建函数 CREATE FUNCTION 语句。

7．修改函数 ALTER FUNCTION 语句。

8．删除函数 DROP FUNCTION 语句。

9．创建存储过程 CREATE PROCEDURE 语句。

10．修改存储过程 ALTER PROCEDURE 语句。

11．删除存储过程 DROP PROCEDURE 语句。

12．创建触发器 CREATE TRIGGER 语句。

13．修改触发器 ALTER TRIGGER 语句。

14．删除触发器 DROP TRIGGER 语句。

15．触发器的启用 ENABLE TRIGGER 语句和触发器的禁用 DISABLE TRIGGER 语句。

习题八

1．（1）根据"销售"数据库创建一个函数，名为 funprovider，求出供应商 ID 为 1、商品 ID 为 6 的商品的进货数量。

（2）修改已经存在的函数 funprovider，更改为查询供应商 ID 为 2、商品 ID 为 2 的商品的进货数量。

（3）删除该函数。

2．根据"销售"数据库创建一个函数，名为 funprovidernew，输入供应商 ID 和商品 ID，返回对应商品的进货数量。

3．（1）根据"销售"数据库创建一个函数，名为 funtype，输入类别名称，返回该类别的商品有多少种。

（2）创建一个函数，名为 funquantity，输入类别名称，返回该类别的商品总的进货数量。

4．根据"销售"数据库创建一个函数，名为 funpro，输入一个 ID 值，返回供应商 ID 大于该 ID 值的供应商 ID、分别供货了几种商品、供货的商品总数量。

5．根据"销售"数据库创建一个函数，名为 funsale，输入商品 ID，返回该商品的名称、价格、进货单价、单件利润、销售数量、销售利润、销售时间。

6．（1）根据"销售"数据库创建一个存储过程，名为 procbuy，输入商品 ID，返回购买过该商品的顾客的 ID、姓名、联系方式。

（2）查看该存储过程的基本信息和定义信息。

（3）修改以上存储过程 procbuy，输入商品 ID，返回该商品单次销售最大的销量，并返回购买过该商品的顾客的 ID、姓名、联系方式。

（4）将该存储过程重命名为 procsale。

（5）删除该存储过程。

7．根据"销售"数据库创建一个存储过程，名为 proccoustomer，使用输出参数返回顾客中的最高积分，并查询积分最高的顾客的 ID、姓名、联系方式。

8．根据"销售"数据库在第 4 题的基础上创建一个存储过程，名为 procpro，输入一个 ID 值，返回供应商 ID 大于该 ID 值的供应商 ID、分别供货了几种商品、供货的商品总数量，并返回这些供应商的名称、供货的商品 ID、商品名称、价格。

9．（1）在"销售"数据库中创建触发器 trisale，不允许对数据库中的表作任何删除。

（2）修改触发器 trisale，不允许对数据库中的表进行新增操作。

（3）删除触发器 trisale。

10．（1）在销售数据库的"进货"表中创建一个触发器 triprovider，禁止更新"供应商 ID"字段。

（2）修改触发器 triprovider，禁止删除"进货时间"为空的记录。

（3）修改触发器 triprovider，禁止添加"进货数量"为空或者为 0 的记录。

（4）查看触发器 triprovider 的信息。

（5）禁用触发器 triprovider，再启用。

（6）修改触发器 triprovider，禁止向"进货"表添加"商品"表里不存在的商品记录。

11．在"销售"数据库的"销售"表中创建触发器 tribuy，禁止把销售数量修改为大于进货数量。

单元九　Web 程序访问数据库

- Web 程序连接数据库
- Web 程序查询数据库
- Web 程序更新数据库

任务 9.1　通过 Web 程序连接数据库

9.1.1　情景描述

学生信息管理系统的用户希望在应用系统内查看当前所有的学生信息。假设该系统是基于 B/S 结构、使用 ASP 开发的 Web 应用系统，那么对普通用户而言，只能通过网页界面浏览信息、输入数据、提交数据，而不能像本书前面章节中一样在 SQL Server 2008 里直接使用命令完成操作。在这种情况下，需要系统开发人员通过 Web 程序来实现和数据库一样的功能，这些程序相当于是用户请求与底层数据库的桥梁。因此，开发人员需要完成 Web 程序，用户则通过应用系统访问该程序来连接、获取并显示数据库内"学生"表的所有记录。

9.1.2　问题分析

为了解决上述问题，需要完成以下任务：

（1）在 SQL Server 2008 中配置好"学生管理"数据库。

（2）假设该应用系统使用 ASP 开发，安装、配置 IIS。编写查看学生信息的 ASP 代码，通过该代码连接"学生管理"数据库，打开"学生"表，获取表里的所有学生记录，并把这些记录显示在网页上。

（3）执行该 ASP 程序。

9.1.3　解决方案

（1）在 SQL Server 2008 里配置"学生管理"数据库。

（2）安装、配置 IIS，编写 student.asp，具体代码如下：

```
<%
dim Conn
Set Conn = Server.CreateObject("ADODB.Connection")
Conn.open    "PROVIDER=SQLOLEDB;Server=CET;UID=sa;PWD=123456;DATABASE=学生管理"
'OLEDB 方式连接数据库
Set f2 = Server.CreateObject("ADODB.RecordSet")
f2.Open "学生", Conn,2,2
```

```
%>

<HTML>
<BR>
<Center>学生信息</Center>
<BR>
<body>
<center>
<TABLE BORDER=1>
<TR BGCOLOR=#99CCFF>
<%
For i=0 to f2.Fields.Count-1
    Response.Write"<TD>"&f2(i).name&"</TD>"
NEXT
%>
</TR>
<%
f2.MoveFirst
While Not f2.EOF
    Row="<TR>"
    For i=0 to f2.Fields.Count-1
        Row=Row&"<TD>"&f2(i)&"</TD>"
    NEXT
    Response.Write Row&"</TR>"
    f2.MoveNext
Wend
%>
</TABLE>
</center>
</BODY>
</HTML>
```

（3）打开浏览器，在地址栏中输入 http://localhost/student/student.asp，运行该页面，结果如图 9-1 所示。

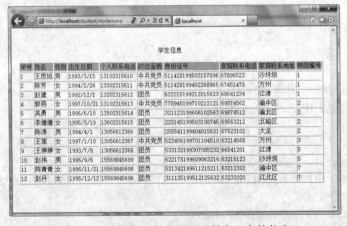

图 9-1 通过 Web 程序显示"学生"表的信息

9.1.4　知识总结

在数据库的实际应用中，大部分功能都是通过应用系统的 Web 页面来实现，比如在学生信息管理系统中通过网页显示学生信息、查询选课情况、管理员添加教师信息等都是通过软件系统的网页提出要求、查看结果。SQL Server 本身是作为一种数据库服务而存在，而提供用户界面、处理业务逻辑等功能是由某个开发环境实现的应用系统来完成。除了数据库管理员和系统开发人员，我们不可能要求普通用户直接面对数据库输入 SQL 命令或进行配置操作。因此需要系统开发人员通过 Web 程序实现和数据库的连接，在连接数据库的基础上对数据库进行访问，实现查询、增、删、改的操作。根据开发技术的不同，通过程序访问数据库的方法也有所不同，本单元以 ASP 代码为例向读者介绍如何通过 Web 程序访问 SQL Server 2008 数据库。

1. ADO 简介

ASP（Active Service Pages，动态服务器网页技术）是开放式 Web 服务器应用程序开发技术，它并不是开发语言或者开发工具，而是一种服务器端的脚本运行环境。它能够把 HTML、脚本、组件、数据库访问功能结合在一起，形成一个在服务器端运行的应用程序，响应用户在客户端发出的请求。ASP 通过 ADO 访问数据库。

ADO（ActiveX Data Object）是一个 ASP 内置的服务器组件，是连接 Web 应用程序和 OLE（Object Linking & Embedded）DB 的桥梁，在 ASP 代码里应用它可以达到通过网页连接数据库、执行 SQL 命令的目的。ADO 几乎兼容各种数据库系统，如 Microsoft Access、SQL Server、Oracle、FoxPro 等。

ADO 是基于 OLE DB 之上的面向对象的数据访问模型。OLE DB 是 Microsoft 开发的一种高性能、基于 COM 的底层数据访问接口，其作用是向应用程序提供一个统一的数据库访问方法，而不需要考虑数据源的具体格式和存储方式。ADO 组件包含了所有的可以被 OLE DB 标准接口描述的数据类型，通过 ADO 的方法和属性可以为应用程序提供统一的数据访问方法和接口。应用程序通过 ADO 组件的通用接口与 OLEDB 的数据库驱动程序连接，OLE DB 根据实际的物理数据库选择相应的驱动程序，达到操作实际数据库的目的。

ADO 技术是通过 ADO 对象的属性、方法来完成数据库访问操作的。ADO 主要由 7 个对象和 4 个数据集合组成。7 个对象是 Connection 对象、Command 对象、Recordset 对象、Field 对象、Property 对象和 Error 对象，4 个数据集合是 Fields 集合、Properties 集合、Parameters 集合和 Error 集合。在面对数据库进行操作时，一般是利用 Connection 对象建立与数据库的连接，然后利用 Command 对象对数据库执行查询、增、删、改的操作，执行 SQL 命令后一般会得到 Recordset 对象，最后在记录集中进行操作，对数据进行读取或者显示。常用对象的主要功能介绍如下：

（1）Connection 对象：代表与数据源的连接，包含了关于目标数据库数据提供者的相关信息。可利用 Connection 对象管理与数据库的连接，包括打开连接、关闭连接、运行 SQL 命令等。

（2）Command 对象：又称命令对象，负责对数据库提供请求，即传递指定的 SQL 命令，通过已建立的连接发出命令来操作数据源。可对数据库执行增加、删除、修改的操作，或者从表中检索数据，并以记录集的形式返回。

（3）Recordset 对象：又称为记录集对象，表示来自基本表或命令执行结果的记录的集合，由记录（行）和字段（列）组成。可以把它看成是内存中的二维表，存放的是来自表或查询结果的记录集。

（4）Field 对象：又称为字段对象，如果将记录集看作二维表格，每一字段（列）就是一个 Field 对象。它具有名称、数据类型、值等属性，其值包含的是来自数据源的真实数据。

2．用 Connection 对象连接数据库

要使用 ADO 对 SQL Server 进行操作，首要步骤是创建要访问的数据库的连接，这就需要用到 Connection 对象。

（1）创建 Connection 对象。

在使用 Connection 对象之前必须先创建该对象，语法如下：

```
<% Set Conn = Server.CreateObject("ADODB.Connection") %>
```

参数说明：Conn 为创建的 Connection 对象的自定义名称，使用此对象可进行与数据库的连接操作。

（2）Connection 对象的常用方法。

1）Open 方法：用于建立与数据库的连接。创建好 Connection 对象后，需要调用 Open 方法建立与数据库的连接，才能进行其他操作。该方法的使用方式如下：

可直接将连接字符串传给 Open 方法，例如：

```
<% Set Conn = Server.CreateObject("ADODB.Connection")
 Conn.open "PROVIDER=SQLOLEDB;Server=UJILKV6K1FVD3OH;UID=sa;
      PWD=123456;DATABASE=学生管理"   %>
```

也可以利用 Connection 对象的 ConnectionString 属性将字符串传给 Open 方法，例如：

```
<% Set Conn = Server.CreateObject("ADODB.Connection")
 Conn. ConnectionString="PROVIDER=SQLOLEDB;Server=UJILKV6K1FVD3OH;
      UID=sa;PWD=123456;DATABASE=学生管理"
        Conn.Open   %>
```

以上两种方法中的各个参数也是 ConnectionString 属性的参数，含义如下：

● PROVIDER：指定用于连接的数据提供者的名称。

● Server：指定数据库服务器的名称。

● UID：指定连接到数据库的用户 ID。

● PWD：指定连接到数据库的用户密码。

● DATABASE：指定连接的数据源名称。

2）Execute 方法：在数据库连接建立好后，可通过 Execute 方法进行对数据库的查询、编辑操作。

3）Close 方法：用于关闭一个已经打开的 Connection 对象，释放与连接有关的系统资源。该方法的使用方式如下：

```
<% Conn.Close
        Set Conn=nothing   %>
```

（3）Connection 对象的常用属性。

1）Attribute：定义 Connection 对象的事务处理方式。

2）ConnectionString：在 Open 方法里我们已经提到过这个属性，用于返回一个包含了创建连接时的所有信息的字符串。该属性的参数参见上文。

3）ConnectionTimeout：定义与数据源建立连接时的最长等待时间，默认为 15s。

4）Mode：用于表示连接的写权限。

（4）使用 Connection 对象连接 SQL Server 2008 数据库的方法。

Connection 对象通过设置连接字符串来连接数据库。连接 SQL Server 2008 的设置方法主要有以下 3 种：

第一种方法：通过 OLE DB 方式连接，连接字符串如下：

"PROVIDER=SQLOLEDB;Server=UJILKV6K1FVD3OH;UID=sa;PWD=123456;DATABASE=学生管理"

参数含义参见上文。

【例 9-1】编写 ASP 程序，使用 OLE DB 方式连接 SQL Server 2008 中的"学生管理"数据库。已知数据库的用户 ID 为 sa，密码为 123456，数据库服务器名称为 CET。

1）在 SQL Server 2008 中配置"学生管理"数据库。

2）安装、配置 IIS，编写 oledb.asp，具体代码如下：

```
<HTML>
<BR>
<Center>连接 SQL Server 2008 数据库</Center>
<BR>
<body>
<%
dim Conn
Set Conn = Server.CreateObject("ADODB.Connection")
Conn.open    "PROVIDER=SQLOLEDB;Server=CET;UID=sa;PWD=123456;DATABASE=学生管理"
'OLEDB 方式连接数据库

Response.Write "<Center>"&"OLE DB 方式连接数据库成功！"&"</Center>"

Conn.Close
Set Conn=nothing
%>
</BODY>
</HTML>
```

3）打开浏览器，在地址栏中输入 http://localhost/student/oledb.asp，回车运行该页面，结果如图 9-2 所示。

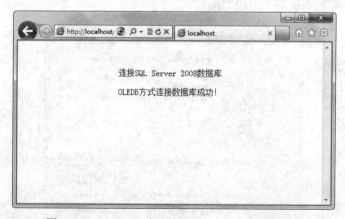

图 9-2 OLE DB 方式连接 SQL Server 2008 数据库

说明：

① 本例直接把连接字符串传递给 Open 方法，也可以把它赋值给 ConnectionString 属性。

② 数据库操作完成后，需要关闭连接，释放掉所占用的资源。

第二种方法：通过 ODBC 数据源方式连接，连接字符串如下：

"DSN=student; DATABASE=学生管理;UID=sa;PWD=123456"

其中 DSN 为 ODBC 数据源名称。ODBC（Open Database Connectivity，开放数据库连接）是连接数据库的通用驱动程序，它是微软推出的一种工业标准，是一种开放的独立于厂商的 API 应用程序接口。绝大多数数据库厂商、应用软件等都为自己的产品提供了 ODBC 接口或提供了 ODBC 支持。ODBC 使用 DSN（Data Source Name，数据源名）定位和标识特定的 ODBC 兼容数据库，将信息从 Web 应用程序传递给数据库。因此，DSN 是一个代表 ODBC 连接的符号。通过这种方式连接 SQL Server 2008 数据库，需要首先配置 SQL Server 数据库的系统 DSN。下面以"学生管理"数据库为例介绍配置过程，操作系统为 Windows 7。

在服务器操作系统中选择"控制面板"→"管理工具"→"数据源（ODBC）"，双击打开"ODBC 数据源管理器"对话框，选择"系统 DSN"选项卡，如图 9-3 所示。

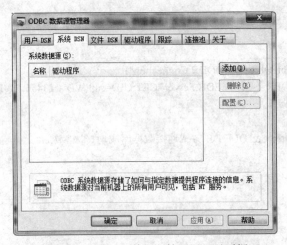

图 9-3　"ODBC 数据源管理器"对话框

单击"添加"按钮，弹出"创建新数据源"对话框，选择名称为 SQL Server 的数据源驱动程序，如图 9-4 所示，单击"完成"按钮。

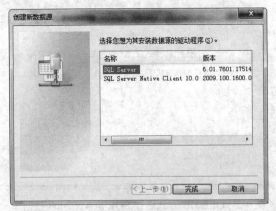

图 9-4　"创建新数据源"对话框

弹出"创建到 SQL Server 的新数据源"对话框，填写数据源名称即 DSN，假设这里取名为 student，填写已知的数据库服务器名，如图 9-5 所示，单击"下一步"按钮。

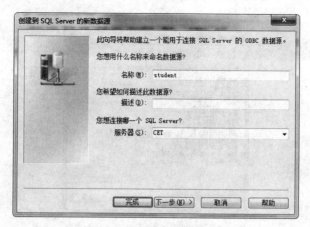

图 9-5　命名数据源

选择数据库登录验证的方式，根据以前的数据库配置选择如图 9-6 所示的选项，输入已经设置好的 SQL Server 2008 的登录 ID sa，密码 123456，单击"下一步"按钮。

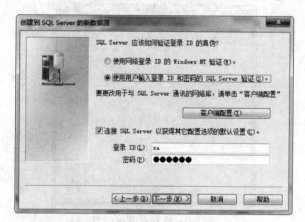

图 9-6　选择 SQL Server 验证方式

更改默认的数据库，选择要连接的数据库"学生管理"，如图 9-7 所示，单击"下一步"按钮。

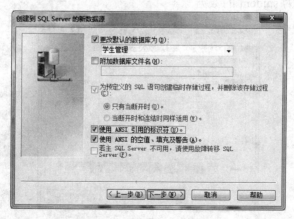

图 9-7　更改默认数据库

单击"下一步"按钮和"完成"按钮，将看到刚才创建的数据源 student 的配置信息，如图 9-8 所示。

图 9-8   新创建的数据源的配置信息

单击"测试数据源"按钮，如果测试成功可看到测试结果，如图 9-9 所示；如果测试失败则需要再次检查设置的各步骤是否正确。

图 9-9   数据源测试结果

单击"确定"按钮回到"ODBC 数据源管理器"对话框，可以看到在"系统 DSN"选项卡的列表中出现了刚才创建的 student，如图 9-10 所示，系统 DSN 配置完成。以后就可以使用 ODBC 方式连接 DSN 为 student 的数据源。

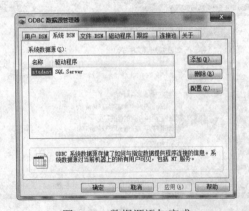

图 9-10   数据源添加完成

【例 9-2】编写 ASP 程序，使用刚才创建的数据源 student，通过 ODBC 数据源方式连接 SQL Server 2008 中的"学生管理"数据库。已知数据库的用户 ID 为 sa，密码为 123456。

1）在 SQL Server 2008 中配置"学生管理"数据库。

2）安装、配置 IIS，编写 odbc.asp，具体代码如下：

```
<HTML>
<BR>
<Center>连接 SQL Server 2008 数据库</Center>
<BR>
<body>
<%
dim Conn
Set Conn = Server.CreateObject("ADODB.Connection")
Conn.ConnectionString="DSN=student;Database=学生管理;UID=sa;PWD=123456"
Conn.open
'ODBC 数据源方式连接数据库

Response.Write "<Center>"&"ODBC 数据源方式连接数据库成功！"&"</Center>"

Conn.Close
Set Conn=nothing
%>
</BODY>
</HTML>
```

3）打开浏览器，在地址栏中输入 http://localhost/student/odbc.asp，回车运行该页面，结果如图 9-11 所示。

图 9-11　ODBC 数据源方式连接 SQL Server 2008 数据库

说明：

① 本例把连接字符串赋值给 ConnectionString 属性，那么后面可以直接调用 Open 方法打开连接。

② 使用 ODBC 数据源方法连接数据库前，需要在服务器上配置要连接的数据库的 ODBC 数据源。

第三种方法：通过 ODBC 驱动程序方式连接，连接字符串如下：

"Driver={SQL Server};Server=CET;DATABASE=学生管理;UID=sa;PWD=123456"

参数说明：

- Driver：指定数据源驱动程序的名称，Microsoft SQL Server 使用{SQL Server}。
- Server：指定数据库服务器的名称。
- DATABASE：指定要连接的数据库名称。

【例 9-3】编写 ASP 程序，通过 ODBC 驱动程序方式连接 SQL Server 2008 中的"学生管理"数据库。已知数据库的用户 ID 为 sa，密码为 123456，数据库服务器名称为 CET。

1）在 SQL Server 2008 中配置"学生管理"数据库。

2）安装、配置 IIS，编写 driver.asp，具体代码如下：

```
<HTML>
<BR>
<Center>连接 SQL Server 2008 数据库</Center>
<BR>
<body>
<%
dim Conn
Set Conn = Server.CreateObject("ADODB.Connection")
Conn.ConnectionString=" Driver={SQL Server};Server=CET;DATABASE=学生管理;UID=sa;PWD=123456"
Conn.open
'ODBC 驱动程序方式连接数据库

Response.Write "<Center>"&"ODBC 驱动程序方式连接数据库成功！"&"</Center>"

Conn.Close
Set Conn=nothing
%>
</BODY>
</HTML>
```

3）打开浏览器，在地址栏中输入 http://localhost/student/driver.asp，回车运行该页面，结果如图 9-12 所示。

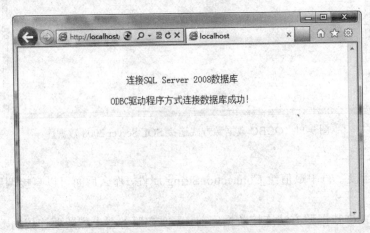

图 9-12　ODBC 驱动程序方式连接 SQL Server 2008 数据库

说明：这种方式直接使用 ODBC 驱动程序，不需要提前在系统中配置 ODBC 数据源。

3. Recordset 对象

Recordset 对象又称为记录集对象，是 ADO 最重要的一个对象。它存放来自表的查询结果，以记录（行）和字段（列）的形式构成。在使用 Connection 对象连接好数据库后，可利用 Recordset 对象对数据库进行操作。Recordset 对象将创建一个数据库的指针，也叫数据游标，通过游标对从数据源那里得到的数据集进行各种操作。

（1）创建 Recordset 对象。

在使用 Recordset 对象之前必须先创建该对象，语法如下：

```
<% Set rs = Server.CreateObject("ADODB. Recordset") %>
```

参数说明：rs 为创建的 Recordset 对象的自定义名称。

（2）Recordset 对象的常用方法。

1）Open 方法：用来打开记录集。该方法的语法如下：

```
Recordset 对象.Open[Source],[Activeconnection],[CursorType],[LockType],[Option]
```

各参数含义如下：

- Source：可以是 SQL 语句、数据库表名或者 Command 对象名。
- Activeconnection：Connection 对象名或数据库连接字符串。
- CursorType：Recordset 对象记录集中的指针类型，可以省略，可取值 0、1、2、3。
- LockType：Recordset 对象的使用类型，可以省略，可取值 1、2、3、4。
- Option：Source 类型，可以省略，可取值 -1、1、2、3。

例如，在创建了对"学生管理"数据库的连接对象后，如果希望查看"学生"表中的所有学生信息，则需要建立 Recordset 对象、打开"学生"表得到记录集。需要如下语句：

```
<%   Set rs = Server.CreateObject("ADODB. Recordset")
     rs.Open "学生",Conn,2,2%>
```

以上代码调用 Open 方法的参数里，第一个参数是数据库表名"学生"，代表记录集指向的是"学生"表的所有数据记录；第二个参数为当前已经建立的数据库连接对象的名称 Conn；第三个参数值"2"代表以动态指针的方式在记录集中移动；第四个参数值"2"代表当前记录集只能同时被一个客户修改，修改时锁定，修改完毕释放。

2）Close 方法：在结束了记录集对象的操作后，可以用该方法释放所有关联的系统资源。该方法的使用方式如下：

```
<%   rs.Close
     Set rs=nothing   %>
```

3）移动记录指针的方法：包含 MoveFirst、Movelast、MoveNext、MovePrevious、Move 一系列方法，通过这些方法来把记录指针移动到记录集对应的记录上。

4）编辑修改数据的方法：包括 AddNew、Update、CancelUpdate、Delete 等，可用于增、删、改数据记录。

（3）Recordset 对象的常用属性。

1）行为属性：包括 CursorType、LockType、Filter 等。

2）与指针移动有关的属性：包括 BOF、EOF 等，这两个属性用来判断指针是否在 Recordset 对象的首记录之前或尾记录之后。

3）与系统维护有关的属性：包括 Source 和 Activeconnection 等。

4）与记录排序有关的属性：包括 CursorLocation、Sort 等。

4．Fields 集合与 Field 对象

（1）Fields 集合：记录集对象里的所有字段对象构成了 Fields 集合。利用这个集合的属性和方法可以方便地操作记录集，比如 Count 属性可以返回记录集对象里的字段数目，Item 属性可以访问记录集中的指定字段。

（2）Field 对象：记录集中的每一个字段就是一个 Field 对象。Field 对象具有两个非常重要的属性：Name（字段名）和 Value（字段值）。

9.1.5　应用实践

编写查看商品信息的 ASP 代码，通过该代码连接"销售"数据库、读取所有商品信息，并把这些记录显示在网页上。已知数据库的用户 ID 为 sa，密码为 123456，数据库服务器名称为 CET。

（1）在 SQL Server 2008 中配置"销售"数据库。

（2）安装、配置 IIS，编写 product.asp，具体代码如下：

```
<%
dim Conn
Set Conn = Server.CreateObject("ADODB.Connection")
Conn.open    "PROVIDER=SQLOLEDB;Server=CET;UID=sa;PWD=123456;DATABASE=销售"
'OLEDB 方式连接数据库
Set rs = Server.CreateObject("ADODB.RecordSet")
rs.Open "商品", Conn,2,2
%>

<HTML>
<BR>
<Center>商品信息</Center>
<BR>
<body>
<center>
<TABLE BORDER=1>
<TR BGCOLOR=#99CCFF>
<%
For i=0 to rs.Fields.Count-1
    Response.Write"<TD>"&rs(i).name&"</TD>"
NEXT
%>
</TR>
<%
rs.MoveFirst
While Not rs.EOF
    Row="<TR BGCOLOR=#E0E0E0>"
    For i=0 to rs.Fields.Count-1
        Row=Row&"<TD>"&rs(i)&"</TD>"
    NEXT
    Response.Write Row&"</TR>"
    rs.MoveNext
```

```
Wend
%>
</TABLE>
</center>
</BODY>
</HTML>
```

（3）打开浏览器，在地址栏中输入 http://localhost/sale/product.asp，回车运行该页面，结果如图 9-13 所示。

图 9-13　连接数据库显示"商品"表的信息

任务 9.2　通过 Web 程序查询数据库

9.2.1　情景描述

由于学生信息规模过于庞大，学生信息管理系统在使用过程中经常需要查看某一个学生的具体信息。因此开发人员希望在查看所有学生信息的基础上增加信息查询功能，能够按照学生的学号或姓名查询某个学生的具体信息。

9.2.2　问题分析

为了解决上述问题，需要完成以下任务：

（1）在 SQL Server 2008 中配置好"学生管理"数据库。

（2）安装、配置 IIS。编写查询学生信息的 ASP 代码，通过该代码让用户输入查询条件，连接"学生管理"数据库、打开"学生"表，按照查询条件得到满足搜索条件的记录集，并把这些记录显示在网页上。

（3）执行该 ASP 程序。

9.2.3　解决方案

（1）在 SQL Server 2008 中配置"学生管理"数据库。

（2）安装、配置 IIS，编写 search_student.asp，具体代码如下：

```
<HTML>
<BR>
<Center>学生信息查询</Center>
<BR>
<body>
<form name="form1" method="post" action="">
   <table width="80%"   border="0" align="center" bgcolor="#0099FF">
     <tr bgcolor="#FFFFFF">
       <th height="39" scope="row"><div align="left">
           <span style="font-weight: 400"><font size="2">查询项目：</font></span></div></th>
         <td><select name="item" size=1>
       <option value="">请选择</option>
       <option value="学号">学号</option>
       <option value="姓名">姓名</option>
         </select>
       </td>
       <td><font size="2">查询内容：</font></td>
       <td><input type="text" name="content"></td>
       <td><input type="submit" name="submit" value="查询">
     </tr>
   </table>
</form>

<%
dim strItem,strContent,strSql
strItem=request("item")
strContent=request("content")
strSql=""
if strItem=null or strItem="" then
     strSql="SELECT * FROM 学生"
else
     strSql="SELECT * FROM 学生 WHERE " & strItem & " LIKE '%" & strContent & "%'"
end if

dim Conn
Set Conn = Server.CreateObject("ADODB.Connection")
Conn.open   "PROVIDER=SQLOLEDB;Server=CET;UID=sa;PWD=123456;DATABASE=学生管理"
            'OLEDB 方式连接数据库
Set f2 = Server.CreateObject("ADODB.RecordSet")
f2.Open strSql,Conn,2,2
%>

<center>
<TABLE BORDER=1>
<TR BGCOLOR=#99CCFF>
<%
```

```
For i=0 to f2.Fields.Count-1
Response.Write"<TD>"&f2(i).name&"</TD>"
NEXT
%>
</TR>
<%
f2.MoveFirst
While Not f2.EOF
Row="<TR>"
For i=0 to f2.Fields.Count-1
  Row=Row&"<TD>"&f2(i)&"</TD>"
NEXT
Response.Write Row&"</TR>"
f2.MoveNext
Wend
%>
</TABLE></center>
</BODY>
</HTML>
```

（3）打开浏览器，在地址栏中输入 http://localhost/student/search_student.asp，回车运行该页面。第一次访问该页面时，因为并没有查询条件，所以显示"学生"表里的所有学生信息，如图 9-14 所示。

图 9-14　进入学生信息查询界面

（4）在下拉列表中选择查询项目，比如选择按"姓名"查询；在文本框中输入需要查询的内容，比如"王"，单击"查询"按钮，将进行模糊查询，最后得到学生姓名中包含"王"字的所有学生信息，如图 9-15 所示。

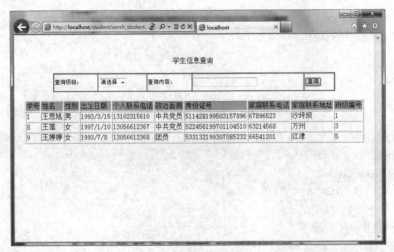

图 9-15   输入查询条件得到查询结果

9.2.4   知识总结

很多时候我们需要对数据库内的原有数据进行过滤，从中搜索出满足某些条件的记录，这意味着我们在获取记录集的时候需要把执行查询操作的 SQL 命令传递给数据库。在 9.1 节里我们介绍 Recordset 对象时介绍了 Open 方法，该方法的参数 Source 可以是 SQL 语句、数据库表名或者 Command 对象名。9.1 节的样例里我们给该参数的赋值都是一个表名，代表记录集指向表内的所有数据。如果想要获取满足搜索条件的部分记录，则需要给该参数赋值查询命令。

例如，在创建了对"学生管理"数据库的连接对象后，如果希望查看"学生"表里的男生信息，则需要建立 Recordset 对象，并且打开满足条件的数据记录集。需要如下语句：

```
<%    Set rs = Server.CreateObject("ADODB. Recordset")
      rs.Open "select * from 学生  where  性别='男'",Conn,2,2%>
```

以上代码调用 Open 方法的参数里，第一个参数是一条 SQL 命令，代表记录集指向的是满足当前 SQL 命令的"学生"表的数据，即性别为"男"的学生记录；第二个参数为当前已经建立的数据库连接对象的名称 Conn；第三个参数值"2"代表以动态指针的方式在记录集中移动；第四个参数值"2"代表当前记录集只能同时被一个客户修改，修改时锁定，修改完毕释放。通过这种方式，我们可以构建满足搜索条件的 SQL 命令，从而得到各种想查询的结果。

除以上方法外，还可以通过 Command 对象执行查询操作。

9.2.5   应用实践

编写查询商品信息的 ASP 代码，通过该代码连接"销售"数据库、打开"商品"表，查询表中价格超过 100 元的商品 ID、名称、价格、生产日期，并把这些记录显示在网页上。已知数据库的用户 ID 为 sa，密码为 123456，数据库服务器名称为 CET。

（1）在 SQL Server 2008 中配置"销售"数据库。

（2）安装、配置 IIS，编写 search_product.asp，具体代码如下：

```
<%
dim Conn
Set Conn = Server.CreateObject("ADODB.Connection")
```

```
Conn.open    "PROVIDER=SQLOLEDB;Server=CET;UID=sa;PWD=123456;DATABASE=销售"
'OLEDB 方式连接数据库
Set rs = Server.CreateObject("ADODB.RecordSet")
rs.Open "select 商品 ID,名称,价格,生产日期 from 商品 where 价格>100", Conn,2,2
%>


<HTML>
<BR>
<Center>价格超过 100 的商品信息</Center>
<BR>
<body>
<center>
<TABLE BORDER=1>
<TR BGCOLOR=#99CCFF>
<%
For i=0 to rs.Fields.Count-1
    Response.Write"<TD>"&rs(i).name&"</TD>"
NEXT
%>
</TR>
<%
rs.MoveFirst
While Not rs.EOF
    Row="<TR>"
    For i=0 to rs.Fields.Count-1
        Row=Row&"<TD>"&rs(i)&"</TD>"
    NEXT
    Response.Write Row&"</TR>"
    rs.MoveNext
Wend
%>
</TABLE>
</center>
</BODY>
</HTML>
```

（3）打开浏览器，在地址栏中输入 http://localhost/sale/search_product.asp，回车运行该页面，结果如图 9-16 所示。

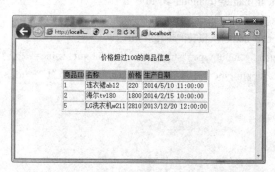

图 9-16　查询满足搜索条件的商品记录

任务 9.3   通过 Web 程序更新数据库

9.3.1   情景描述

学生信息管理系统不仅要求能够查询数据，在使用过程中还经常需要添加某些具体信息。开发人员希望在查看所有系部信息的基础上提供添加新的系部信息的功能，数据添加成功后能在数据库内查看到插入的新记录。

9.3.2   问题分析

为了解决上述问题，需要完成以下任务：

（1）在 SQL Server 2008 中配置好"学生管理"数据库。

（2）安装、配置 IIS。编写添加系部信息的 ASP 代码，通过该代码连接"学生管理"数据库，让用户输入新的系部信息、提交到数据库，并把这些记录显示在网页上。

（3）执行该 ASP 程序。

9.3.3   解决方案

（1）在 SQL Server 2008 中配置"学生管理"数据库。

（2）安装、配置 IIS，编写 insert_xibu.asp，具体代码如下：

```
<HTML>
<BR>
<BR>
<Center>添加系部信息</Center>
<BR>
<body>
<form name="form1" method="post" action="">
   <table border="0" align="center" bgcolor="#0099FF">
    <tr><td><font size="2" >系部代码：</font></td>
     <td><input type="text" name="daima"></td></tr>
     <tr><td><font size="2" >系部名称：</font></td>
     <td><input type="text" name="mingcheng"></td></tr>
     <tr><td><font size="2" >办公电话：</font></td>
     <td><input type="text" name="dianhua"></td></tr>
     <tr><td><font size="2" >系主任：</font></td>
     <td><input type="text" name="zhuren"></td></tr>
     <tr><td align="center"><input type="submit" name="submit" value="提交"></td>
     <td align="center"><input type="reset" name="reset" value="重置"></td></tr>
   </table>
</form>

<%
daima=request("daima")
```

```
mingcheng=request("mingcheng")
dianhua=request("dianhua")
zhuren=request("zhuren")
Sql="insert into 系部 values("&daima&","'"&mingcheng&"',"'"&dianhua&"',"'"&zhuren&"')"

dim Conn
Set Conn = Server.CreateObject("ADODB.Connection")
Conn.open "PROVIDER=SQLOLEDB;Server=UJILKV6K1FVD3OH;UID=sa;PWD=
123456;DATABASE=学生管理"
if daima<>""   then
     Conn.execute(Sql)
end if
Set f2 = Server.CreateObject("ADODB.RecordSet")
f2.Open "系部",Conn,2,2
%>

<center>
<TABLE BORDER=1>
<TR BGCOLOR=#99CCFF>
<%
For i=0 to f2.Fields.Count-1
Response.Write"<TD>"&f2(i).name&"</TD>"
NEXT
%>
</TR>
<%
f2.MoveFirst
While Not f2.EOF
Row="<TR>"
For i=0 to f2.Fields.Count-1
  Row=Row&"<TD>"&f2(i)&"</TD>"
NEXT
Response.Write Row&"</TR>"
f2.MoveNext
Wend
%>
</TABLE></center>
</BODY></HTML>
```

（3）打开浏览器，在地址栏中输入 http://localhost/student/insert_xibu.asp，回车运行该页面。第一次访问该页面时，显示添加系部信息的界面以及"系部"表里的所有系部信息，如图 9-17 所示。

（4）在文本框中输入要添加的系部信息，如图 9-18 所示。

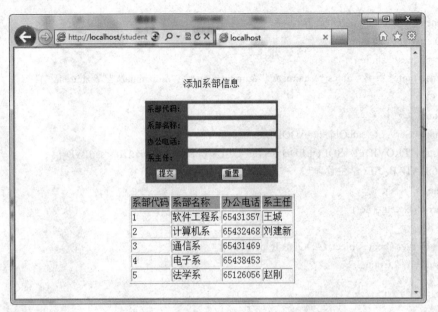

图 9-17   进入"添加系部信息"界面

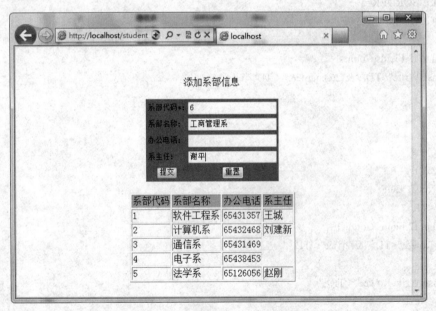

图 9-18   输入要添加的系部信息

（5）单击"提交"按钮，可以看到刚才提交的系部代码为 6 的新数据已经显示在列表中，信息添加成功，如图 9-19 所示。同时可以在数据库内查看到刚才添加的新记录。

9.3.4   知识总结

对数据库的访问除了进行查询操作，很多时候还需要在原有数据记录的基础上进行增加、删除、修改。我们在介绍 Connection 对象的方法时提到过 Execute 方法，该方法可以用于执行 SQL 命令，完成对数据库的更新。该方法的语法格式如下：

```
Connection 对象.Execute(CommandText,[RecordAffected],[Options])
```

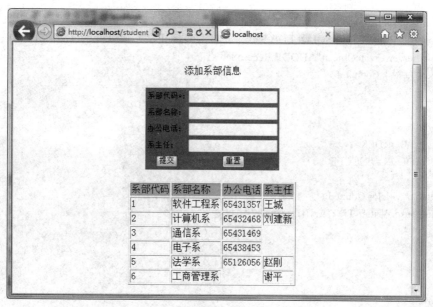

图 9-19　系部信息添加成功

各参数的含义如下：

- CommandText：可以是 SQL 语句、数据库表名或者存储过程等字符串。
- RecordAffected：可选参数，返回本次操作所影响到的记录数。
- Options：可选参数，指定 CommandText 参数的类型。

Execute 方法执行的 SQL 命令可以是查询操作，也可以是数据库更新操作。因此，我们可以通过给 CommandText 参数赋值数据更新命令来实现数据增、删、改的操作。

例如，在创建了对"学生管理"数据库的连接对象后，如果希望删除学号为 10 的学生信息，则需要如下语句：

```
<%   sql1 = "delete from 学生  where 学号=10"
     Conn.Execute(sql1)   %>
```

如果希望把学号为 7 的学生的政治面貌改为"中共党员"，则需要如下语句：

```
<%   sql2 = "update 学生  set 政治面貌='中共党员' where 学号=7"
     Conn.Execute(sql2)   %>
```

除以上方法外，还可以通过 Command 对象执行数据的增、删、改操作。

9.3.5　应用实践

编写修改商品信息的 ASP 代码，通过该代码连接"销售"数据库、打开"商品"表，把商品 ID 为 3 的商品的价格修改为 5 元。已知数据库的用户 ID 为 sa，密码为 123456，数据库服务器名称为 CET。

（1）在 SQL Server 2008 中配置"销售"数据库。

（2）安装、配置 IIS，编写 update_product.asp，具体代码如下：

```
<HTML>
<BR>
<Center>修改前的商品信息</Center>
<%
dim Conn
```

```
Set Conn = Server.CreateObject("ADODB.Connection")
Conn.open    "PROVIDER=SQLOLEDB;Server=CET;UID=sa;PWD=123456;DATABASE=销售"
Set rs1 = Server.CreateObject("ADODB.RecordSet")
rs1.Open "商品", Conn,2,2
%>
<body>
<center>
<TABLE   BORDER=1>
<TR BGCOLOR=#99CCFF>
<%
For i=0 to rs1.Fields.Count-1
    Response.Write"<TD>"&rs1(i).name&"</TD>"
NEXT
%>
</TR>
<%
rs1.MoveFirst
While Not rs1.EOF
    Row="<TR>"
    For i=0 to rs1.Fields.Count-1
        Row=Row&"<TD>"&rs1(i)&"</TD>"
    NEXT
    Response.Write Row&"</TR>"
    rs1.MoveNext
Wend
%>
</TABLE>
</center>
<BR><BR>

<Center>修改后的商品信息</Center>
<%
sql= "update  商品  set  价格=5 where  商品 ID=3"
Conn.Execute(sql)
Set rs2 = Server.CreateObject("ADODB.RecordSet")
rs2.Open "商品", Conn,2,2
%>
<center>
<TABLE   BORDER=1>
<TR BGCOLOR=#99CCFF>
<%
For i=0 to rs1.Fields.Count-1
    Response.Write"<TD>"&rs2(i).name&"</TD>"
NEXT
%>
</TR>
<%
rs2.MoveFirst
```

```
While Not rs2.EOF
    Row="<TR>"
    For i=0 to rs2.Fields.Count-1
        Row=Row&"<TD>"&rs2(i)&"</TD>"
    NEXT
    Response.Write Row&"</TR>"
    rs2.MoveNext
Wend
%>
</TABLE></center>
</BODY></HTML>
```

（3）打开浏览器，在地址栏中输入 http://localhost/sale/update_product.asp，回车运行该页面，可以看到编号为 3 的商品的价格从 4.5 元修改为了 5 元，结果如图 9-20 所示。同时可以在数据库内查看到刚才修改的记录。

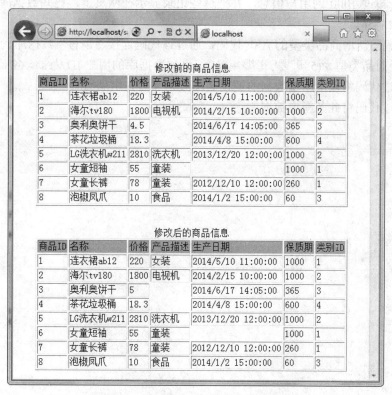

图 9-20　通过 Web 程序修改商品信息

单元小结

1. Connection 对象、Command 对象、Recordset 对象和 Field 对象。
2. 用 Connection 对象连接数据库。
3. 用 Recordset 对象对数据库进行操作
4. 记录集对象里的所有字段对象构成了 Fields 集合，记录集里的每一个字段就是一个

Field 对象。

    5. 建立 Recordset 对象，并且打开满足条件的数据记录集。

    6. Execute 方法用于执行 SQL 命令，完成对数据库的更新。

    7. Close 方法关闭一个已经打开的 Connection 对象，释放与连接有关的系统资源。

    8. ConnectionString 返回一个包含了创建连接时的所有信息的字符串。

习题九

    1. 通过 ADO 连接 SQL Server 2008 的连接字符串设置方法主要有哪几种？

    2. 编写查看供应商信息的 ASP 代码，通过该代码连接"销售"数据库、读取所有供应商信息，并把这些记录显示在网页上。已知数据库的用户 ID 为 sa，密码为 123456。

    3. 编写查询顾客信息的 ASP 代码，通过该代码连接"销售"数据库、打开"顾客"表，查询表里积分超过 1000 的用户信息，并把这些记录显示在网页上。已知数据库的用户 ID 为 sa，密码为 123456。

    4. （1）编写新增商品类型的 ASP 代码，通过该代码连接"销售"数据库、打开"商品类型"表，新增商品类型为(5,'母婴','母婴用品')。已知数据库的用户 ID 为 sa，密码为 123456。

    （2）通过代码将以上新增数据的类别名称改为"婴儿用品"。

    （3）通过代码将此条新增数据删除。